LES
PASSAGES DE VÉNUS
SUR LE DISQUE SOLAIRE

CONSIDÉRÉS AU POINT DE VUE DE LA DÉTERMINATION DE LA DISTANCE
DU SOLEIL A LA TERRE.

PASSAGE DE 1874.

NOTIONS HISTORIQUES SUR LES PASSAGES DE 1761 ET 1769.

PAR Edmond DUBOIS ✳, O. I.,

Examinateur-Hydrographe de la Marine.

PARIS,

GAUTHIER-VILLARS, IMPRIMEUR-LIBRAIRE

DU BUREAU DES LONGITUDES, DE L'ÉCOLE POLYTECHNIQUE,

SUCCESSEUR DE MALLET-BACHELIER,

Quai des Augustins, 55.

1873

PRÉFACE.

Sur les vingt années pendant lesquelles j'ai eu l'honneur d'être professeur de Sciences à l'*École Navale*, j'en ai passé seize à enseigner à notre jeune marine l'Astronomie et la Navigation.

Les nombreux élèves auxquels, pendant cette longue période, j'ai dû donner des notions assez étendues sur la plus belle des sciences sont aujourd'hui ces officiers de marine instruits et dévoués qui ont combattu si glorieusement pendant la guerre de 1870, et que l'on trouve toujours attentifs quand il s'agit de questions scientifiques.

C'est à eux que j'adresse ce petit travail. En le rédigeant, j'ai eu pour but de les mettre au courant d'une question importante d'Astronomie, qui, pendant quelques années, va de nouveau occuper le monde savant, et pour laquelle les officiers de la marine française, au siècle dernier, ont apporté leur contingent d'intelligence, de savoir et de dévouement.

E. D.

Paris, 20 novembre 1873.

TABLE DES MATIÈRES.

(VI)

Pages.

IV. — Méthodes pour déterminer la parallaxe horizontale
du Soleil par les passages de Vénus.

V. — Choix des stations. Application au passage de 1874.

Pages.

VI. — DE L'OBSERVATION DU PASSAGE DE VÉNUS, EN VUE D'OBTENIR LA PARALLAXE SOLAIRE.

VII. — DE LA PHOTOGRAPHIE DANS LE PASSAGE DE VÉNUS.

(¹) La limite d'erreur à laquelle on arrive par la démonstration tout élémentaire que nous donnons pourrait être resserrée au moyen de considérations que l'on trouve développées dans la Note de M. Hansen, publiée dans le n° 347 des *Astronomische Nachrichten*.

FIN DE LA TABLE DES MATIÈRES.

LES

PASSAGES DE VÉNUS

SUR LE DISQUE SOLAIRE.

PASSAGE DE 1874.

INTRODUCTION.

Une grande expédition scientifique se prépare !

L'année 1874, impatiemment attendue par les astronomes du monde entier, approche enfin ! Des observateurs s'exercent déjà et font des expériences en vue de cette expédition.

C'est que l'année 1874 verra, en effet, un phénomène astronomique qui ne s'est pas montré depuis cent cinq ans, c'est-à-dire depuis 1769 ; qui se verra encore en 1882, mais qui ensuite ne se représentera plus avant l'an 2004. Ce phénomène, *c'est le passage de Vénus sur le disque solaire*.

L'Assemblée nationale, en France, a accordé, le 26 juillet 1872, au Ministre de l'Instruction publique, un crédit additionnel de 100 000 francs pour la confection des instruments d'observation dont doivent se servir, à l'occasion de ce passage, les observateurs français en différents points du globe.

Les États-Unis d'Amérique ont voté, pour leurs observateurs, une somme de 750 000 francs, répartie sur les années 1872, 1873, 1874 ; et les gouvernements de Russie, d'Angleterre et d'Allemagne ont déjà pris des dispositions pour faire concourir leurs savants à l'observation du phénomène astronomique dont nous venons de parler.

Quel est donc le résultat scientifique que le monde savant espère obtenir par l'observation de ce passage pour qu'il en soit si agité? et quel grand intérêt offre donc ce résultat pour que des centaines de mille francs soient dépensés pour l'obtenir, et que d'intrépides explorateurs des régions célestes aillent, sous des climats meurtriers, comme Chappe d'Auteroche, Medina et Green, au siècle dernier, tomber peut-être victimes de leur ardent amour de la science?

La grande expédition, à laquelle veulent prendre part toutes les nations civilisées du globe, a pour but de savoir si l'angle sous lequel un observateur, situé au centre du Soleil, verrait le rayon de la Terre, quand nous sommes à notre distance moyenne de l'astre radieux, est plus près de 8″,9 que de 8″,8.

Cet angle, c'est la PARALLAXE SOLAIRE!

C'est donc simplement pour connaître cette parallaxe solaire à un *demi-dixième de seconde* près que des travaux considérables vont être entrepris, et que bien des ennuis, bien des déboires et même bien des dangers vont être affrontés! Mais pour ceux que l'amour de la science anime, il n'est pas de travail, d'ennuis ou de dangers qui puissent les arrêter.

On sait combien il est important, en Astronomie, de connaître la parallaxe du Soleil avec la plus grande exactitude si l'on veut avoir des notions certaines sur les distances mutuelles de tous les astres, en y comprenant la Terre, sur leur grosseur et sur leur masse.

La perfection à laquelle est arrivée aujourd'hui la science d'observation, la théorie et la confection des instruments employés par les observateurs ont donné l'espoir que l'on pourrait arriver maintenant à une exactitude que l'on croyait à tort devoir obtenir avec la plus grande facilité au dernier passage de Vénus.

Voilà pourquoi ce *demi-dixième de seconde* tient une place si importante dans le bilan de nos connaissances astronomiques, et pourquoi l'homme civilisé, qui vit autant par l'esprit que par le corps, est disposé à faire les plus grands sacrifices pour donner toute la certitude possible à ces connaissances, qui sont une des gloires de l'esprit humain, et qui, en lui faisant comprendre et connaître toute la grandeur de l'univers, le rapprochent de son Créateur.

Ce que sera le phénomène du passage de Vénus sur le Soleil, le 9 décembre 1874. — Le 9 décembre 1874, les astronomes qui se trouveront à l'île AMSTERDAM, située dans l'océan Indien, par 37° 47′ 46″ de latitude sud, et 75° 4′ 56″ de longitude est, verront, vers 7ʰ 5ᵐ 16ˢ du matin, le Soleil, élevé d'environ 28 degrés au-dessus de l'horizon, s'échancrer légèrement vers l'est (*fig.* 1), c'est-à-dire à droite du Soleil (nous supposons une lunette directe).

Fig. 1.

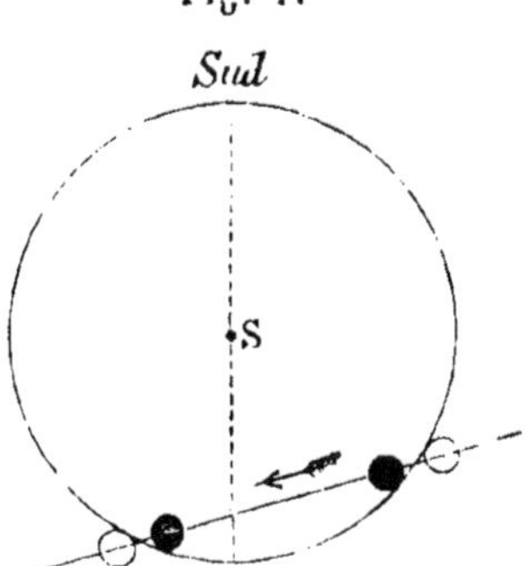

Au bout de quelque temps, cette petite échancrure augmentera et l'on apercevra, vers 7ʰ 35ᵐ 48ˢ, un petit disque noir d'un diamètre quarante à cinquante fois plus petit que le diamètre solaire, qui fera tache sur l'astre brillant et qui sera *tangent* intérieurement au bord du Soleil.

Ce petit disque s'avançant peu à peu sur le disque solaire, en suivant une corde oblique, sera, vers 11ʰ 4ᵐ 54ˢ, tangent au bord du Soleil à l'extrémité de la corde parcourue, et après avoir déterminé de ce côté une échancrure, qui diminuera progressivement, disparaîtra vers 11ʰ34ᵐ42ˢ, en laissant le disque du Soleil aussi net que le matin.

Les astronomes de l'île Amsterdam auront alors vu le passage de Vénus sur le disque du Soleil, c'est-à-dire auront aperçu la planète Vénus, passant entre le Soleil et nous, intercepter une petite partie des rayons de cet astre et se projeter, dans son mouvement, comme un petit cercle noir traversant lentement le disque du Soleil.

La durée du passage sera environ de 4ʰ29ᵐ18ˢ.

Le même jour, presque à la même heure, temps moyen de Paris, les astronomes qui se trouveront à Yokohama, près de la capitale de l'empire japonais, verront, vers 11ʰ00ᵐ42ˢ du matin, une échancrure, semblable à celle vue à Amsterdam, se faire dans le bord est du Soleil (c'est-à-dire à gauche), élevé de 30"9' environ au-dessus de l'horizon; cette échancrure augmentera progressivement et prendra, vers 11ʰ27ᵐ42ˢ, la forme d'un petit disque noir d'un diamètre quarante à cinquante fois plus petit

Fig. 2.

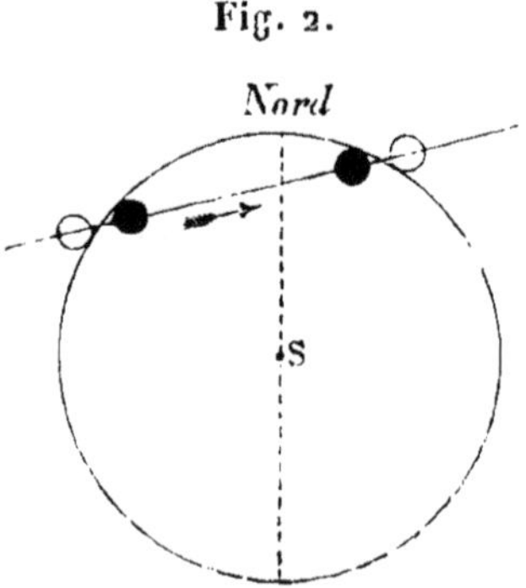

que celui du Soleil et qui sera, à ce moment, tangent intérieurement au bord du disque solaire. Ce petit disque noir s'avancera ensuite graduellement suivant une corde oblique, ainsi que le montre la *fig.* 2, et sera tangent intérieurement au bord ouest du Soleil vers 3ʰ22ᵐ, puis déterminera ensuite une échancrure, qui diminuera progressivement et disparaîtra vers 3ʰ 49ᵐ 42ˢ, au moment où le Soleil ne sera plus élevé que de 9 degrés. Les astronomes de *Yokohama* auront vu Vénus passer devant le Soleil, et ce passage aura duré environ 4ʰ 49ᵐ.

La corde parcourue par la planète, pour les astronomes de *Yokohama,* sera un peu plus grande que celle décrite pour les astronomes de l'île Amsterdam ; la durée totale du passage à Yokohama aura été de 19ᵐ 42ˢ plus longue qu'à Amsterdam, et, dans ce dernier lieu, le phénomène commencera 13ᵐ 16ˢ plus tard que dans la ville japonaise, et finira 6ᵐ 26ˢ plus tôt.

Si l'on peut noter d'une manière TRÈS-PRÉCISE, à une pendule ou à un chronomètre bien réglés sur le temps moyen du lieu, les instants où le disque noir de la planète sera tangent INTÉRIEUREMENT au disque du Soleil, c'est-à-dire si l'on peut déterminer dans chaque lieu, à *une ou deux secondes près,* l'heure en temps moyen du lieu correspondant à ces deux phases, et si l'on peut faire des observations du même genre et *avec une même précision* dans d'autres lieux choisis avantageusement et d'où le même passage de Vénus pourra être observé, soit en totalité, soit en partie, on espère pouvoir conclure de toutes ces observations une parallaxe solaire, qui nous permettra de connaître la distance à laquelle nous sommes du Soleil, avec une approximation *dix* fois plus grande que celle avec laquelle on connaît la distance admise jusqu'à présent.

Pourquoi les passages de Vénus ne se reproduisent qu'à de longs intervalles, et détermination de ces intervalles. — Si la grande ellipse, presque circulaire, que Vénus parcourt en 224 jours et 16 heures environ, autour du Soleil, était dans le même plan que celle que décrit la Terre en 365 jours et 6 heures environ, les passages de Vénus seraient très-fréquents et se représenteraient à chaque fois que Vénus passe entre la Terre et le Soleil, c'est-à-dire tous les 584 jours ; mais, le plan de l'orbite de Vénus étant incliné sur le plan de l'orbite terrestre de 3° 23′ 30″, il en résulte que ces passages ne peuvent avoir lieu que si la planète, à sa conjonction inférieure, n'est pas trop écartée du plan de l'écliptique, c'est-à-dire se trouve *près d'un de ses nœuds.*

Il en résulte que le phénomène dont le monde savant s'occupe aujourd'hui est extrêmement rare et ne se reproduit qu'à des intervalles éloignés, suivant, jusqu'à un certain point, *une loi de périodicité* que nous allons essayer de faire comprendre.

Laissons de côté pour un instant l'inclinaison de l'orbite de Vénus sur le plan de l'écliptique.

Le *mouvement moyen* de Vénus autour du Soleil en *un an* est d'environ

$$2\,106\,641'',49;$$

celui de la Terre, dans le même temps, est de

$$1\,295\,977'',38;$$

donc si, à une certaine époque, Vénus est en *conjonction inférieure*, c'est-à-dire si Vénus et la Terre ont la même *longitude héliocentrique*, l'année suivante, *à la même époque*, les longitudes héliocentriques de ces deux planètes différeront de

$$810\,664'',11,$$

différence des deux mouvements moyens donnés ci-dessus. L'année suivante, à la même époque, la longitude héliocentrique de Vénus surpassera celle de la Terre de DEUX FOIS $810\,664'',11$, et ainsi de suite.

Donc les deux longitudes de la Terre et de Vénus diffèrent de 360 degrés, c'est-à-dire sont les mêmes; ou, en d'autres termes, *Vénus se retrouve en conjonction inférieure* au bout d'un nombre d'années donné par le quotient de 360 degrés, ou 1 296 000 secondes, par le nombre $810\,664'',11$; ce quotient est

$$1^{an},5987 \quad \text{ou} \quad 583^{j},9127.$$

C'est cette durée que l'on nomme la *révolution synodique* de la planète Vénus.

Pour que cette planète puisse, à sa *conjonction inférieure*, paraître se *projeter* sur le disque du Soleil, il faut évidemment que sa latitude géocentrique soit plus petite que le demi-diamètre du Soleil, qui est de 16 minutes en moyenne.

Or supposons qu'à une époque ces deux circonstances se soient présentées à la fois, autrement dit qu'il y ait eu *passage*. Vénus était alors près d'un de ses nœuds.

584 jours après, c'est-à-dire à la conjonction inférieure qui suivra, elle en sera très-éloignée ; mais remarquons que

$$8 \text{ années sidérales de la Terre font.... } 2922^{j},048,$$
$$5 \text{ révolutions synodiques de Vénus font } 2919^{j},563,$$

et que, le temps de révolution de Vénus autour du Soleil étant de $224^{j},700786,$

$$13 \text{ révolutions sidérales de Vénus font } 2921^{j},110.$$

Nous voyons donc qu'au bout de 8 ans la conjonction inférieure de Vénus revient à peu près à la même époque, mais cependant DEUX JOURS PLUS TÔT, et qu'au moment de cette conjonction Vénus n'est pas encore à son *nœud*, où elle n'arrive que *un jour et demi après* environ.

Au moment de cette seconde conjonction, Vénus se trouve donc un peu au *sud* du plan de l'écliptique, si l'on considère le *nœud ascendant*, ou au *nord*, si l'on considère le *nœud descendant*. Or, en consultant les Éphémérides de Vénus, données dans la *Connaissance des Temps*, on trouve que, aux environs de ses nœuds, la *latitude géocentrique* de cette planète varie en un jour de 12 à 14 minutes ; elle variera donc de 18 à 21 minutes dans le *jour et demi* dont, au moment de la conjonction inférieure, Vénus est en avance sur son nœud.

Comme le diamètre du Soleil est de 32 minutes, en moyenne, on comprend que, *s'il y a eu passage à une certaine époque*, huit ans après il pourra encore y avoir passage à peu près à la même époque ; mais on voit facilement que, au bout des huit années qui suivront, la latitude géocentrique de Vénus sera certainement trop grande pour qu'il puisse y avoir encore passage.

Ce que nous venons de dire explique donc comment, lorsqu'un passage attendu depuis de longues années doit avoir lieu, on peut en attendre un autre, *mais un seul,* huit ans après et à une époque *précédant d'environ deux jours* l'époque du premier passage.

Si nous cherchons maintenant le plus petit nombre de jours contenant un nombre entier de fois,

$$365^j,2563, \text{ révolution sidérale de la Terre,}$$

et

$$224^j,7007, \text{ révolution sidérale de Vénus,}$$

nous trouvons

$$85\,835 \text{ jours environ.}$$

En multipliant, en effet,

$$365^j,2563 \text{ par } 235, \text{ nous trouvons } 85\,835^j,230,$$

et

$$224^j,7007 \text{ par } 382, \text{ nous trouvons } 85\,835^j,700.$$

Ainsi, dans ce nombre de jours, Vénus fait 382 révolutions sidérales, et la Terre en fait à très-peu près 235.

Donc si, à une certaine époque, Vénus est à son nœud et à sa conjonction inférieure, 235 ans après, elle sera encore, à très-peu près, à *son même nœud* et à sa conjonction inférieure.

Un passage ayant eu lieu à une époque, on pourra donc en attendre un autre 235 ans après.

Si nous multiplions la révolution sidérale de la Terre par 243, nous trouvons

$$88\,757^j,298,$$

et si nous multiplions la révolution sidérale de Vénus par 395, nous trouvons

$$88\,756^j,81.$$

Ainsi, dans 88757 jours environ, Vénus fait à peu près 395 révolutions sidérales, et la Terre en fait à peu près 243. Nous retrouvons ainsi la période de 8 ans à ajouter à celle de 235 que nous venons de trouver.

Mais ici nous remarquons que les deux nombres de *révolutions sidérales* (de la Terre et de Vénus), 243 et 395, sont *tous les deux impairs*, ce qui n'a pas lieu pour les nombres de révolutions 8 et 13, relatifs à la période de 8 ans, ni pour les nombres 235 et 382, relatifs à la période de 235 ans.

Nous pouvons alors en conclure que si dans 243 ans la Terre a fait 243 révolutions sidérales autour du Soleil, et Vénus 395, dans la *moitié* du temps, c'est-à-dire dans 121^{ans},5, Vénus aura fait $197^{révol.}$,5. Donc, si Vénus était à une époque en conjonction inférieure et à son NŒUD ASCENDANT, 121^{ans},5 après elle sera encore en conjonction inférieure et à son NŒUD DESCENDANT.

Désignons maintenant par T l'époque d'*un passage* de Vénus sur le Soleil, la planète étant à son *nœud ascendant*, par exemple; à l'époque

$$T + 121,5,$$

il pourra y avoir un passage au *nœud descendant*, et, d'après la période de 8 ans, donnée plus haut, il pourra y en avoir un autre *au même nœud* à l'époque

$$T + 121,5 + 8.$$

Mais d'après la période de 235 ans, trouvée ci-dessus, il doit y avoir un passage au moment du *nœud ascendant*, à l'époque

$$T + 235,$$

et comme

$$235 = 121,5 + 8 + 105,5,$$

nous voyons que l'on peut attendre un passage à l'époque

$$T + 121,5 + 8 + 105,5;$$

et, enfin, d'après la période de $243 = 121,5 + 8 + 105,5 + 8$, on peut en attendre un nouveau à l'époque

$$T + 121,5 + 8 + 105,5 + 8.$$

D'après cela, T étant l'époque d'un *premier* passage correspondant au *nœud ascendant*, par exemple, les passages à venir sont donnés dans le tableau suivant :

Époques des passages de Vénus sur le Soleil.

Au moment du nœud ascendant.	Au moment du nœud descendant.	Intervalles.
T	. . . .	. . . . .
. . . .	. . . .	$121,5$
. . . .	$T + 121,5$	. . . . .
. . . .	. . . .	8
. . . .	$T + 121,5 + 8$	. . . . .
. . . .	. . . .	$105,5$
$T + 121,5 + 8 + 105,5$	. . . .	. . . . .
. . . .	. . . .	8
$T + 121,5 + 8 + 105,5 + 8$	. . . .	. . . . .

Nous pouvons aussi expliquer pourquoi les passages de Vénus auront toujours lieu, du moins pendant un certain nombre de siècles, au mois de *décembre* pour les passages qui ont lieu quand la planète est à son *nœud ascendant,* et au mois de *juin* pour ceux ayant lieu quand la planète est à son *nœud descendant.*

En 1850, en effet, la longitude héliocentrique du *nœud ascendant* de Vénus était de

$$75° 19' \text{ environ.}$$

Lorsqu'il y a passage, la Terre doit se trouver à peu près sur la ligne des nœuds de la planète ; il faut alors que la longitude géocentrique du Soleil soit de

$$180° + 75° 19' = 255° 19'.$$

Or c'est entre le 7 et le 8 décembre que le Soleil atteint cette longitude ; donc les passages de Vénus sur le Soleil, *quand cette planète est à son nœud ascendant*, doivent avoir lieu vers les premiers jours de décembre ; et cela devrait toujours avoir lieu si la longitude héliocentrique du nœud de Vénus ne changeait pas. De même, la longitude du nœud descendant de Vénus est de 255° 19′ environ. Au moment d'un passage, d'après ce que nous venons de dire, la longitude géocentrique du Soleil devra être de

$$180° + 255° 19′ = 360° + 75° 19′,$$

c'est-à-dire de 75° 19′. La *Connaissance des Temps* montre que le Soleil arrive à cette longitude entre le 5 et le 6 juin ; donc c'est vers le commencement de juin que doivent avoir lieu les passages de Vénus qui correspondent à son *nœud descendant*.

Les actions attractives des planètes sur Vénus déterminent maintenant un mouvement direct de la ligne des nœuds de cet astre, c'est-à-dire que la longitude héliocentrique de cette ligne des nœuds va lentement en croissant ; il s'ensuit que dans quelques siècles les passages auront lieu à une date plus avancée des mois de décembre et de juin que cela n'arrive actuellement.

Voici, d'après Delambre, le tableau de 18 années à venir, qui verront les passages de Vénus sur le Soleil, avec les heures de Paris, temps moyen de la conjonction inférieure de cette planète, telles que Lalande les a rectifiées.

Années.	Temps moyen de la conjonction.	h m
1874	8 décembre	à 16.17
1882	6 id.	à 4.25
2004	7 juin	à 21. 0
2012	5 id.	à 13.27
2117	10 décembre	à 15. 7
2125	8 id.	à 3.18
2247	11 juin	à 0.30
2255	8 id.	à 16.54

Années.	Temps moyen de la conjonction.		
		h	m
2360	12 décembre.......	à	13.59
2368	10 id.	à	2.10
2490	12 juin...........	à	3.58
2498	9 id...........	à	20.21
2603	15 décembre.......	à	12.54
2611	13 id.	à	1.11
2733	15 juin...........	à	7.24
2741	12 id.	à	23.44
2846	16 décembre.......	à	11.53
2854	14 id.	à	0.13

La perfection apportée par M. Le Verrier aux Tables du Soleil et de Vénus fait que toutes les heures contenues dans ce tableau ont besoin d'être corrigées de nouveau.

I. — Prédiction des passages de Vénus.

Comment on peut prédire, pour le centre de la Terre, l'instant des différentes phases du phénomène. — Nous allons d'abord supposer que le *lieu donné* soit le centre de la Terre. La grande distance à laquelle nous sommes de Vénus et du Soleil fait que les instants relatifs aux différentes phases du phénomène, pour un observateur situé à la *surface* de la Terre, diffèrent peu, en réalité, de ceux considérés pour un observateur situé au centre de notre globe, en ayant même égard à l'effet de la *réfraction astronomique,* phénomène dont, jusqu'à présent, les astronomes ne semblent pas s'être suffisamment préoccupés relativement aux passages de Vénus.

Première méthode.

Pour savoir d'abord s'il y aura *certainement* passage, on cherche, pour les époques indiquées dans le tableau précédent et à l'aide des Tables du Soleil et de Vénus (¹), l'époque θ, temps moyen de Paris, à laquelle la longitude géocentrique de Vénus est égale à la longitude géocentrique du *Soleil*; c'est l'époque de la conjonction inférieure, *en longitude*, de Vénus. Il suffit de calculer pour deux jours, précédant l'époque donnée dans le tableau ci-dessus et deux jours la suivant, et pour midi temps moyen de Paris, les longitudes géocentriques des deux astres. Une simple proportion donne ensuite l'heure cherchée θ, dont on peut vérifier ensuite l'exactitude.

Pour cette époque θ, on calcule, toujours à l'aide des Tables du Soleil et de Vénus, la *latitude géocentrique* L de la planète.

Si cette latitude est plus petite que le demi-diamètre du Soleil, IL Y A PASSAGE.

Voyons maintenant comment on pourra déterminer les heures, temps moyen de Paris, qui correspondent aux différentes phases du passage, c'est-à-dire aux moments où Vénus est TANGENTE *extérieurement* ou *intérieurement* au disque du Soleil.

Pour l'époque θ de la conjonction écliptique, on calcule en outre de L, déjà obtenu, les quantités suivantes :

m mouvement horaire géocentrique en longitude de Vénus;
l son mouvement horaire géocentrique en latitude;
m' mouvement horaire géocentrique du Soleil, en longitude.

Si l'on considère cette dernière quantité comme *positive*, m sera toujours *négatif*, puisque, au moment d'une conjonction inférieure, la planète est en *rétrogradation*.

Quant à l, il est positif ou négatif selon que, dans son mouvement, l'astre s'approche du pôle *boréal* ou s'en éloigne.

Soient (*fig.* 3) :

S le centre du disque du Soleil;
X'SX la trace de l'écliptique sur la voûte céleste;

(¹) *Annales de l'Observatoire de Paris.*

2

YSY' la trace d'un grand cercle de la sphère céleste, passant par le Soleil et perpendiculaire à l'écliptique.

Fig. 3.

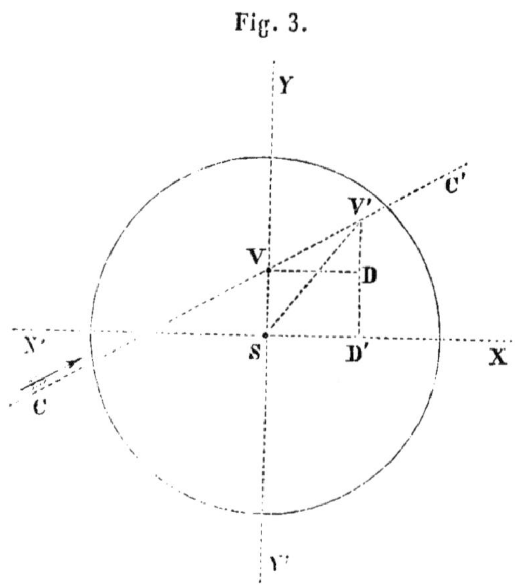

Si nous considérons le Soleil comme fixe, le mouvement *relatif* de Vénus sur la voûte céleste pourra être représenté, en tant qu'on n'en considère qu'une petite partie, par la droite CC', faisant, avec l'élément linéaire de l'écliptique, l'angle α qu'il est facile de déterminer. Si, en effet, V est la position de Vénus sur sa trajectoire, au moment de la conjonction écliptique, c'est-à-dire à l'époque 0, et V' la position de cette planète à l'époque $0 + t$, nous aurons, en menant V'D' perpendiculaire à SX et VD parallèle à cette même ligne, et en ayant égard au triangle V'VD ainsi formé,

$$\operatorname{tang} V'VD = \frac{V'D}{VD},$$

qui, d'après les notations précédentes, et en supposant uniformes les mouvements horaires, nous donne l'équation

$$\text{(1)} \qquad \tan g \, \alpha = \frac{\pm l}{m + m'}.$$

En joignant SV', le triangle SV'D' nous donne aussi

$$SV'^2 = SD'^2 + V'D'^2,$$

ou, en désignant par Δ la distance vraie des centres des deux astres, à l'époque $0 + t$,

$$\Delta^2 = (m + m')^2 t^2 + (L + lt)^2$$

en supposant l *positif*.

Remplaçant, dans cette relation, $m + m'$ par sa valeur

$$\frac{l}{\tan g \, \alpha},$$

déduite de l'équation (1), on trouve

$$\Delta^2 = \frac{l^2 t^2}{\tan g^2 \alpha} + (L + lt)^2.$$

Cette équation, développée et ordonnée par rapport à t, devient

$$\text{(2)} \qquad l^2 t^2 + 2 L \, lt \sin^2 \alpha + L^2 \sin^2 \alpha - \Delta^2 \sin^2 \alpha = 0.$$

Cette équation en t étant résolue, nous donne

$$\text{(3)} \qquad t = \frac{- L \sin^2 \alpha \pm \sin \alpha \sqrt{\Delta^2 - L^2 \cos^2 \alpha}}{l}.$$

Il est évident que la valeur *positive* de t sera *postérieure* à la conjonction, et que la valeur *négative* lui sera *antérieure*.

L'équation (3) permet donc de trouver l'époque $0 + t$, qui correspond à une distance vraie Δ des deux astres; elle nous montre que la valeur minimum de Δ, c'est-à-dire la plus courte distance des centres de *Vénus* et du *Soleil*, correspond à la valeur

$$\Delta = L \cos z.$$

Si l'on veut connaître les valeurs de t qui correspondent aux *contacts extérieurs*, il suffira évidemment de faire, dans l'équation (3),

$$\Delta = d + d',$$

d étant le demi-diamètre de Vénus et d' celui du Soleil. Pour les *contacts intérieurs*, on fera

$$\Delta = d' - d.$$

On trouve donc ainsi, pour époques des *quatre* phases principales du phénomène,

Entrée.

1er contact extérieur :

$$(4) \quad T_1 = 0 + \frac{- L \sin^2 z - \sin z \sqrt{(d + d')^2 - L^2 \cos^2 z}}{l};$$

1er contact intérieur :

$$(5) \quad T_2 = 0 + \frac{- L \sin^2 \alpha - \sin z \sqrt{(d' - d)^2 - L^2 \cos^2 z}}{l}.$$

Milieu du passage :

$$(6) \quad T_m = 0 - \frac{L \sin^2 \alpha}{l}.$$

Sortie..

2e contact intérieur :

$$(7) \quad T_3 = 0 + \frac{- L \sin^2 z + \sin z \sqrt{(d' - d)^2 - L^2 \cos^2 \alpha}}{l};$$

2e contact extérieur :

$$(8) \quad T_4 = 0 + \frac{- L \sin^2 \alpha + \sin \alpha \sqrt{(d' + d)^2 - L^2 \cos^2 \alpha}}{l}.$$

Les quantités L, m, l, m', si on les prend dans les Tables, doivent être corrigées de *l'aberration*, puisque l'on doit avoir ces quantités telles qu'on les observe; si on les prend dans la *Connaissance des Temps*, on les y trouve affectées de l'aberration.

Les formules que nous venons de trouver ne seraient qu'approchées si l'on croyait ne pas pouvoir considérer l, m et m' comme *constants* dans l'intervalle de six ou sept heures que peut durer le phénomène du passage de Vénus.

Dans ce cas, on pourrait corriger de la manière suivante les époques T_1, T_2, T_3 et T_4.

Si l'on a commis une erreur sur T_1, par exemple, les lieux *géocentriques*

$$\odot_1 \text{ longitude du Soleil,}$$
$$\lambda_1 \text{ longitude de la planète,}$$
$$L_1 \text{ latitude de la planète,}$$

calculés pour cette époque T_1, ne satisferont pas à la relation

$$(4) \qquad (\odot_1 - \lambda_1)^2 + L^2 = (d' + d)^2.$$

On calculera alors les lieux géocentriques des deux astres pour des instants voisins de T_1 et, pour chacun de ces instants, on vérifiera la relation (4); si l'on trouve deux époques

$$T_1 + h \quad \text{et} \quad T_1 + h',$$

telles que les lieux géocentriques qui y correspondent donnent

$$\text{pour} \quad T_1 + h, \quad (\odot_1 - \lambda_1)^2 + L_1^2 < (d' + d)^2,$$
$$\text{et pour} \quad T_1 + h', \quad (\odot_1 - \lambda_1)^2 + L_1^2 > (d' + d)^2,$$

on aura, par une simple interpolation, la valeur

$$T_1 + \varepsilon,$$

comprise entre $T_1 + h$ et $T_1 + h'$, et pour laquelle les lieux géocentriques calculés satisferont bien à la relation (4).

On agirait de même pour les époques T_2, T_3 et T_4.

Deuxième méthode.

On peut arriver à la détermination de l'époque des phases, *pour un observateur situé au centre de la Terre,* par des considérations un peu différentes de celles que nous venons d'indiquer, et en employant les coordonnées *équatoriales* au lieu des coordonnées écliptiques. Ces considérations sont basées sur les travaux de LAGRANGE concernant cette question.

Soient, pour une époque 0, temps moyen de Paris, voisine de l'époque de la *conjonction en ascension droite,* ou même, si l'on veut, correspondant à cette conjonction :

α l'ascension droite vraie de Vénus ;

δ sa déclinaison vraie, supposée nord ;

A l'ascension droite vraie du Soleil ;

D sa déclinaison vraie, supposée aussi nord ;

et enfin Δ la distance vraie des centres des deux astres.

Soient (*fig.* 4) :

Fig. 4.

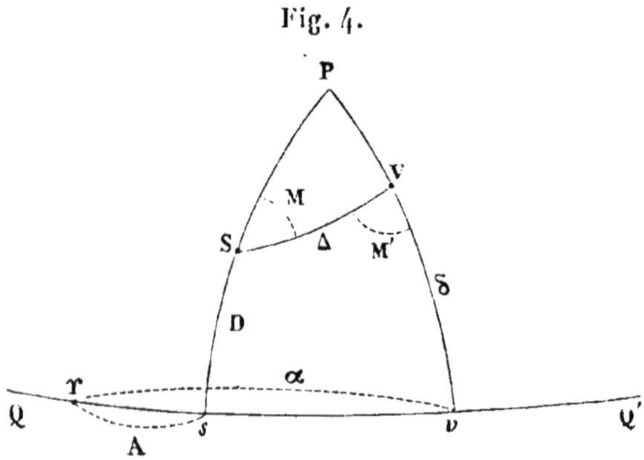

V la position du centre de Vénus ;

S celle du Soleil ;

QQ' l'équateur ;

P le pôle nord de l'équateur ;

et, enfin, PVv, PSs les cercles de déclinaison des deux astres.

En joignant VS, distance vraie des centres des deux astres, que nous désignons par Δ, nous formons le triangle sphérique PSV, dans lequel nous représentons par M et par $(180 - M')$ les angles dont les sommets sont les centres du Soleil et de Vénus.

En appliquant à ce triangle les formules de Delambre, nous avons

$$(9) \qquad \sin\tfrac{1}{2}\Delta \sin\tfrac{1}{2}(M + M') = \sin\tfrac{1}{2}(\alpha - A)\cos\tfrac{1}{2}(\delta + D);$$

$$(10) \qquad \sin\tfrac{1}{2}\Delta \cos\tfrac{1}{2}(M + M') = \cos\tfrac{1}{2}(\alpha - A)\sin\tfrac{1}{2}(\delta - D);$$

$$(11) \qquad \cos\tfrac{1}{2}\Delta \sin\tfrac{1}{2}(M' - M) = \sin\tfrac{1}{2}(\alpha - A)\sin\tfrac{1}{2}(D + \delta);$$

$$(12) \qquad \cos\tfrac{1}{2}\Delta \cos\tfrac{1}{2}(M' - M) = \cos\tfrac{1}{2}(\alpha - A)\cos\tfrac{1}{2}(\delta - D);$$

Au moment des contacts *extérieurs* ou *intérieurs* des deux astres, $(\alpha - A)$, $(\delta - D)$ et Δ sont très-petits ; on peut donc, *pour ces instants,* faire

$$\sin\tfrac{1}{2}\Delta = \tfrac{1}{2}\Delta \sin 1'';$$
$$\sin\tfrac{1}{2}(\alpha - A) = \tfrac{1}{2}(\alpha - A)\sin 1'';$$
$$\sin\tfrac{1}{2}(M + M') = \sin M ;$$
$$\cos\tfrac{1}{2}(M + M') = \cos M ;$$
$$\cos\tfrac{1}{2}(\alpha - A) = 1.$$

Les formules (9) et (10) deviennent alors

$$(13) \qquad \Delta \sin M = (\alpha - A)\cos\tfrac{1}{2}(D + \delta),$$

$$(14) \qquad \Delta \cos M = (\delta - D).$$

Ces deux équations permettent donc de déterminer Δ et M, quand on connaît α, A, δ et D.

Si nous représentons par n la *vitesse relative* de *Vénus* sur la trajectoire apparente, envisagée dans la première méthode,

n étant toujours considéré positivement, et par N l'angle que fait la direction de cette vitesse avec le cercle horaire PVv (*fig.* 4), correspondant à la position de Vénus, à l'époque θ, en comptant cet angle positivement du nord vers l'est, et négativement du nord vers l'ouest, nous aurons évidemment :

$n \sin N$ pour vitesse *relative* de Vénus sur le parallèle;
et $n \cos N$ pour vitesse relative de Vénus sur le cercle horaire.

Mais, en représentant par $\dfrac{d(\alpha - A)}{dt}$ la variation de la différence d'ascension droite de Vénus et du Soleil dans l'unité de temps, nous aurons

$$\frac{d(\alpha - A)}{dt} \cos\tfrac{1}{2}(D + \delta)$$

pour *vitesse relative* de Vénus sur le parallèle, et

$$\frac{d(\delta - D)}{dt}$$

pour *vitesse relative* de Vénus sur le cercle horaire.

On peut donc écrire

$$(15) \qquad n \sin N = \frac{d(\alpha - A)}{dt} \cos\tfrac{1}{2}(D + \delta),$$

$$(16) \qquad n \cos N = \frac{d(\delta - D)}{dt}.$$

En calculant $\dfrac{d(\alpha - A)}{dt}$ et $\dfrac{d(D - \delta)}{dt}$, au moyen des valeurs de α, A, δ et D, calculées pour des époques avoisinant θ, les équations (15) et (16) permettront d'avoir n et N. Si nous appelons $T_1 = \theta + t_1$ l'époque d'un contact, du premier contact extérieur par exemple, la distance des deux astres projetée sur le parallèle sera évidemment

$$\Delta \sin M + n \sin N \times t_1,$$

et, projetée sur le cercle horaire, elle sera

$$\Delta \cos M + n \cos N \times t_1 ;$$

on aura donc au moment du premier contact extérieur, et en désignant toujours par d' et d les demi-diamètres du *Soleil* et de *Vénus*,

$$(\Delta \sin M + n \sin N \times t_1)^2 + (\Delta \cos M + n \cos N \times t_1)^2 = (d' + d)^2.$$

Développant les carrés du premier membre et ordonnant l'équation, par rapport à t, nous obtenons

$$t_1^2 + \frac{2\Delta}{n} t_1 \cos(M - N) - \frac{(d' + d)^2}{n^2} + \left(\frac{\Delta}{n}\right)^2 = 0.$$

En résolvant cette équation, on trouve pour *les deux contacts extérieurs*

$$t_1 = -\frac{\Delta}{n} \cos(M - N) - \frac{d' + d}{n} \sqrt{1 - \frac{\Delta^2 \sin^2(M - N)}{(d' + d)^2}}.$$

$$t_4 = -\frac{\Delta}{n} \cos(M - N) - \frac{d' + d}{n} \sqrt{1 - \frac{\Delta^2 \sin^2(M - N)}{(d' + d)^2}}.$$

Pour obtenir les relations analogues, concernant les contacts *intérieurs,* il suffit de remplacer, dans ces deux relations, $(d' + d)$ par $(d' - d)$; alors si nous posons

$$(17) \qquad \sin \psi = \frac{\Delta \sin(M - N)}{d' \pm d},$$

nous trouvons enfin, pour les époques des quatre contacts,

1er contact extérieur :

$$(18) \qquad T_1 = \theta - \frac{\Delta}{n} \cos(M - N) - \frac{d' + d}{n} \cos \psi ;$$

1er contact intérieur :

$$(19) \qquad T_2 = \theta - \frac{\Delta}{n} \cos(M - N) - \frac{d' - d}{n} \cos \psi ;$$

2e contact intérieur :

$$(20) \qquad T_3 = \theta - \frac{\Delta}{n} \cos(M - N) + \frac{d' - d}{n} \cos\psi ;$$

2e contact extérieur :

$$(21) \qquad T_4 = \theta - \frac{\Delta}{n} \cos(M - N) + \frac{d' + d}{n} \cos\psi.$$

Si l'on voulait avoir l'instant où le centre de Vénus est sur le bord du Soleil, il suffirait de faire, dans ces formules, $d = 0$; on aurait alors

1er contact central :

$$(18\ bis) \qquad T'_1 = \theta - \frac{\Delta}{n} \cos(M - N) - \frac{d' \cos\psi}{n}.$$

Pour avoir l'instant T_m du milieu du phénomène, il faut chercher la valeur de t qui rend *minimum* l'expression

$$\Delta^2 + t^2 n^2 + 2\Delta tn \cos(M - N),$$

représentant le carré de la distance des centres des deux astres ; on trouve ainsi l'équation de condition

$$tn + \Delta \cos(M - N) = 0 ;$$

d'où

$$t = - \frac{\Delta}{n} \cos(M - N),$$

qui, d'après l'équation (14), et dans le cas où θ représente l'époque de la conjonction en ascension droite, époque où $M = 180°$, serait

$$t = - \frac{\Delta}{n} \cos N ;$$

on trouve, d'après cela,

$$(22) \qquad\qquad T_m = \theta - \frac{\Delta}{n} \cos N.$$

Pour obtenir la distance *minimum*, que nous désignerons par ρ,
il suffit de mettre la valeur $t = -\dfrac{\Delta}{n}\cos(M - N)$ dans la relation donnant le carré de la distance, on a ainsi

$$\rho^2 = \Delta^2 + \frac{\Delta^2 n^2}{n^2}\cos^2(M - N) - \frac{2\Delta^2 n}{n}\cos^2(M - N),$$

c'est-à-dire

(23)
$$\rho = \Delta\sin(M - N),$$

qui devient

$$\rho = (\delta - D)\sin N,$$

si θ est l'époque même de la *conjonction en ascension droite*.

Toute l'analyse que nous venons de donner est indépendante
de l'époque θ, voisine de la conjonction. Si l'on supposait cette
époque correspondant à l'une des phases, au deuxième contact
extérieur, par exemple, il faudrait faire $\Delta = d' + d$, et alors on
aurait $\psi = M - N$; et l'une des valeurs t_i s'évanouirait.

Si nous appelons S l'angle que fait le grand cercle SV (*fig.* 5),

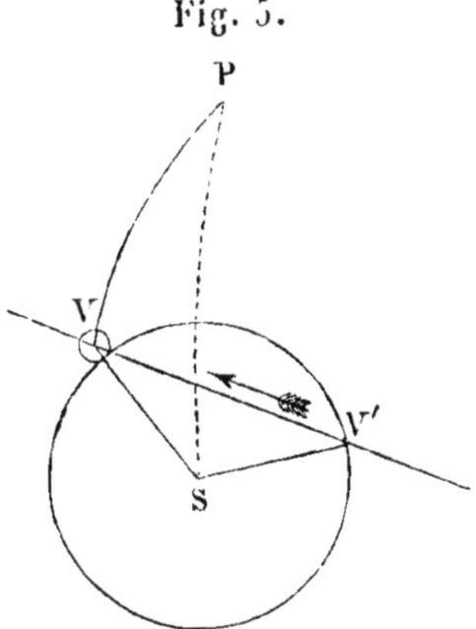

Fig. 5.

des centres des deux astres avec le cercle de déclinaison passant par le Soleil, au moment d'un des contacts, S étant toujours

compté dans le même sens que N, on aura, en considérant la projection de SV sur le cercle horaire, et en égalant cette projection à celle déjà considérée,

$$(d' \pm d) \cos S = \Delta \cos M + n \cos N \times t,$$

en désignant, d'une manière générale, par t l'une des quatre quantités t_1, t_2, t_3 ou t_4. La projection sur le parallèle, passant par le centre du Soleil, donnera

$$(d' \pm d) \sin S = \Delta \sin M + n \sin N \times t,$$

d'où l'on déduira, relativement à chaque contact,

$$\cos S = \frac{\Delta \cos M + n \cos N \times t}{d' \pm d},$$

$$\sin S = \frac{\Delta \sin M + n \sin N \times t}{d' \pm d}.$$

En multipliant la première de ces deux relations par $\cos N$, et la seconde par $\sin N$, et faisant la somme, on trouve

$$(d' \pm d) \cos(S - N) = \Delta \cos(M - N) + nt,$$

et en remplaçant nt par sa valeur

$$= \Delta' \cos(M - N) \mp (d' \pm d) \cos \psi,$$

on a

$$\cos(S - N) = \mp \cos \psi,$$

d'où

$$S - N = 180 - \psi \quad \text{pour l'entrée,}$$

et

$$S - N = -\psi \quad \text{ou} \quad -\psi \quad \text{pour la sortie,}$$

ou enfin

$$(24) \qquad S = 180 + N - \psi \quad \text{pour l'entrée,}$$

et

$$(25) \qquad S = N + \psi \quad \text{pour la sortie,}$$

ψ correspondant évidemment à chaque sorte de contact.

(25)

Une simple figure fait voir, mieux que les signes, quelle valeur prendre pour N, S et ψ.

Nous allons donner un exemple numérique de ce calcul et déterminer les heures, temps moyen de Paris, correspondant aux instants des *contacts extérieurs* du *passage du centre* de Vénus sur les bords du Soleil, et des *contacts intérieurs*.

Nous extrayons d'abord du *Nautical Almanac* (1874) les éléments suivants relatifs au passage de Vénus :

Conjonction de Vénus en ascension droite,
   le 8 décembre...................................... $17^h 08^m 28^s, 8$
Ascension droite $\odot$ et de φ.............. $17^h 03^m 31^s, 42$
Déclinaison de φ.................................. $22^\circ 35' 7'',5$ S
Déclinaison du $\odot$................................... $22^\circ 49' 22''$ S
Mouvement horaire de φ en ascens. droite.. $1' 33'',9$ O
   » $\odot$ ».............. $2' 44'',7$ E
   » φ en déclinaison.... $47'',7$ N
   » $\odot$ »............. $14'',8$ S
Demi-diamètre de φ............................. $32'',1$
   » $\odot$.............................. $16' 16'',2$

De ces éléments on déduit, en prenant pour point de départ l'époque de la conjonction,

$$d' + d = 1008'',3 ;$$

$$d' - d = 944'',1 ;$$

$$\alpha - A = 0 ;$$

$$\delta - D = -14' 14'',5 ;$$

$$\frac{\delta + D}{2} = 22^\circ 42' 14'',7 ;$$

$$\frac{d(\alpha - A)}{dt} = +4' 18'',6,$$

$$\frac{d(\delta - D)}{dt} = +1' 2'',5.$$

La *fig.* 6, dans laquelle QQ' est l'équateur, P le pôle nord, S le centre du Soleil et VV' la trajectoire de Vénus, nous indique déjà la grandeur de N à peu près; la flèche (1) indique le mou-

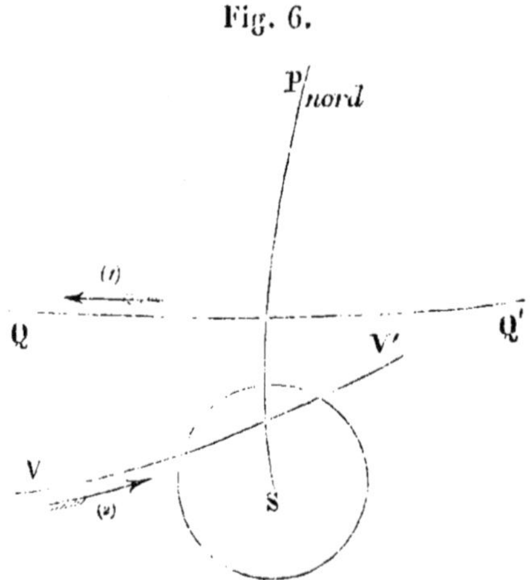

vement propre du Soleil, et la flèche (2) le mouvement apparent de Vénus, dont la vitesse *positive* est n.

Les formules (13) et (14) nous donnent

$$M = 0, \quad \Delta = -14'14'',5, \quad \log \Delta = 2,9317121.$$

Les formules (15) et 16) donnent

$$\operatorname{tang} N = \frac{\dfrac{d(\alpha - A)}{dt} \cos \tfrac{1}{2}(D + \delta)}{\dfrac{d(\delta - D)}{dt}}$$

et

$$n = \frac{\dfrac{d(\delta - D)}{dt}}{\cos N},$$

d'où

$$\log \frac{d(\alpha - A)}{dt} = 2,4126285$$

$$\log \cos \tfrac{1}{2}(D + \delta) = \overline{1},9649714$$

$$C^t \log \frac{d(\delta - D)}{dt} = \overline{2},2041200 \qquad\qquad \log = 1,7958800$$

$$\log \tang N = 0,5817199 \qquad\qquad C^t \log \cos N = 0,5961344$$

$$\text{d'où} \quad N = 75° 19' 10'' \qquad\qquad \log n = 2,3920144$$

$$\text{Nous déduisons} \quad \log \frac{\Delta}{n} = 0,5396977$$

Au moyen de la formule (17) nous allons calculer ψ pour chacune des phases; cette formule devient :

<table>
<tr><td align="center">Contact extérieur.</td><td align="center">Contact central.</td></tr>
<tr><td align="center">$\sin \psi = - \dfrac{\Delta \sin n}{d' + d},$</td><td align="center">$\sin \psi' = - \dfrac{\Delta \sin n}{d'},$</td></tr>
</table>

$$\log \Delta = 2,9317121 \qquad\qquad \log \Delta = 2,9317121$$
$$\log \sin N = \overline{1},9855855 \qquad\qquad \log \sin N = \overline{1},9855855$$
$$C^t \log (d' + d) = \overline{4},9964093 \qquad\qquad C^t \log d' = \overline{3},0104612$$
$$\log \sin \psi = \overline{1},9137069 \qquad\qquad \log \sin \psi' = \overline{1},9277588$$
$$\psi = - 55° 3' 53'' \qquad\qquad \psi' = - 57° 51' 38''$$

Contact intérieur.

$$\sin \psi'' = \frac{- \Delta \sin N}{d' - d},$$

$$\log \Delta = 2,9317121$$
$$\log \sin N = \overline{1},9855855$$
$$C^t \log (d' - d) = \overline{3},0249820$$
$$\log \sin \psi'' = \overline{1},9422796$$
$$\psi'' = - 61° 6' 35''$$

Pour avoir les instants des contacts nous allons appliquer les formules (18), (18 *bis*) et (19), et chercher

$$\frac{\Delta}{n}\cos N, \qquad \frac{d'+d}{n}\cos\psi, \qquad \frac{d'}{n}\cos\psi' \qquad \text{et} \qquad \frac{d'-d}{n}\cos\psi''.$$

On a d'abord

$$\log\frac{\Delta}{n} = 0,5396977$$

$$\log\cos N = \overline{1},4038656$$

$$\log\frac{\Delta}{n}\cos N = \overline{1},9435633$$

d'où

$$\frac{\Delta}{n}\cos N = 0,87814.$$

On a ensuite

$$\begin{array}{ll}
\text{C}^{t}\log n = \overline{3},6079856 & \text{C}^{t}\log n = \overline{3},6079856 \\
\log(d'+d) = 3,0035907 & \log d' = 2,9895388 \\
\log\cos\psi = \overline{1},7578900 & \log\cos\psi' = \overline{1},7258267 \\
\log\dfrac{d'+d}{n}\cos\psi = 0,3694663 & \log\dfrac{d'}{n}\cos\psi' = 0,3233511
\end{array}$$

d'où

$$\frac{d'+d}{n}\cos\psi = 2,34133 \qquad\qquad \frac{d'}{n}\cos\psi' = 2,1055$$

$$\qquad\qquad\qquad 0,87814 \qquad\qquad\qquad\qquad\qquad 0,87814$$

Somme.........	3,21947		Somme......	2,98364
Différence.....	1,46319		Différence....	1,22736

$$\text{C}^{t}\log n = \overline{3},6079856$$

$$\log(d'-d) = 2,9750180$$

$$\log\cos\psi'' = \overline{1},6840674$$

$$\log\frac{d'-d}{n}\cos\psi'' = 0,2670710$$

d'où

$$\frac{d'-d}{n}\cos\psi'' = 1,84960$$

$$0,87814$$

Somme. 2,72774

Différence. 0,97146

Réduisant les corrections de θ en heures, minutes et secondes, on a :

Corrections pour l'entrée.   **Corrections pour la sortie.**

— 3,21947 = $3^h 13^m 10^s,1$ + 1,46319 · $1^h 27^m 47^s,5$

— 2,98364 = 2.59. 1,8   + 1,22736 · 1.13.38,5

— 2,72774 = 2.43.39,8   + 0,97146   0.58.17,2

En faisant subir ces corrections à l'heure θ $17^h 8^m 28^s,8$, nous trouvons :

Entrée.

1er contact extérieur. . . . . $13^h 55^m 19^s$

»   central. 14. 9.27

»   intérieur 14.24.49

Sortie.

2e contact intérieur. . . . . $18^h 6^m 46$

»   central. 18.22. 7

»   extérieur. 18.36.16

Nous avons aussi pour les angles de position :

Entrée.

1er contact extérieur. .   S = 180° + 75° 19′ 10″ — (— 55° 3′ 53″)

= 310° 23′ 3″   ou   N 49° 37′ vers l'E ;

»   central. . . .   S = 180° + 75° 19′ 10″ — (— 57° 51′ 38″)

= 313° 10′ 48″   ou   N 46° 49′ ver l'E ;

»   intérieur. .   S = 180° + 75° 19′ 10″ — (— 61° 6′ 35″)

= 316° 25′ 45″   ou   N 43° 34′ vers l'E.

Sortie.

1er contact intérieur . . . $\quad S = 75°19'10'' + (-61°6'35'')$
$$= 14°12' \quad \text{ou} \quad N\,14°12' \text{ vers l'O;}$$

» central . . . . $\quad S = 75°19'10'' + (-57°51'38'')$
$$= 17°27' \quad \text{ou} \quad N\,17°27' \text{ vers l'O;}$$

» extérieur . . . $\quad S = 75°19'10'' + (-53°3'53'')$
$$= 20°15' \quad \text{ou} \quad N\,20°15' \text{ vers l'O.}$$

II. — Rappel des formules de parallaxes.

Avant d'indiquer les méthodes à l'aide desquelles on peut prédire les phases d'un *passage* de Vénus sur le disque du Soleil, *pour un lieu donné,* en laissant de côté l'influence de la *réfraction,* nous croyons utile de rappeler au lecteur les formules de parallaxe dont nous ferons usage.

Soit (*fig.* 7) O la position d'un observateur sur la surface de

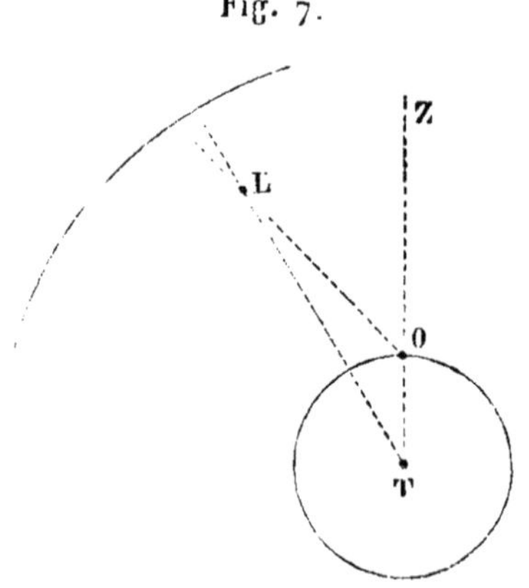

Fig. 7.

la Terre que nous supposons *sphérique;* la ligne ZOT est la verticale du lieu. Si L est la position du centre d'un astre dans l'espace, en joignant LO et LT, l'angle OLT, qui est l'angle sous lequel du point L on aperçoit le rayon OT de la Terre passant par l'observateur, se nomme la *parallaxe en hauteur* de l'astre L.

Si nous posons

$$OLT = p,$$
$$ZOL = z',$$
$$TL = R,$$
$$OT = r,$$

le triangle LOT donne

$$\sin p = \frac{r}{R} \sin z'.$$

En appelant P la valeur *maximum* de p qui correspond à $z' = 90°$, valeur qui prend le nom de *parallaxe horizontale*, on a

$$\sin P = \frac{r}{R},$$

d'où, en remarquant que p et P sont très-petits,

$$(26) \qquad P = \frac{r}{R \sin 1''}.$$

et par suite,

$$(27) \qquad p = P \sin z'.$$

Il est évident que, relativement aux étoiles, la position *apparente* du Soleil, de la Lune, d'une planète ou d'une comète change selon la position de l'observateur sur la surface de la Terre.

La position de l'astre *supposé* vu du centre de la Terre se nomme *position vraie*; celle considérée d'un point de la surface se nomme *position apparente*. A un moment donné, il y a donc autant de positions apparentes qu'il y a d'observateurs.

La position *vraie* et une position *apparente* sont toujours évidemment dans le plan du vertical de l'astre.

Soient (*fig.* 8) P, sur la sphère céleste, le pôle de l'équateur, Z le zénith de l'observateur ; si l est la position *vraie* d'un astre et l' sa position *apparente*, $ll' = p$ sera évidemment la *parallaxe en hauteur*.

Fig. 8.

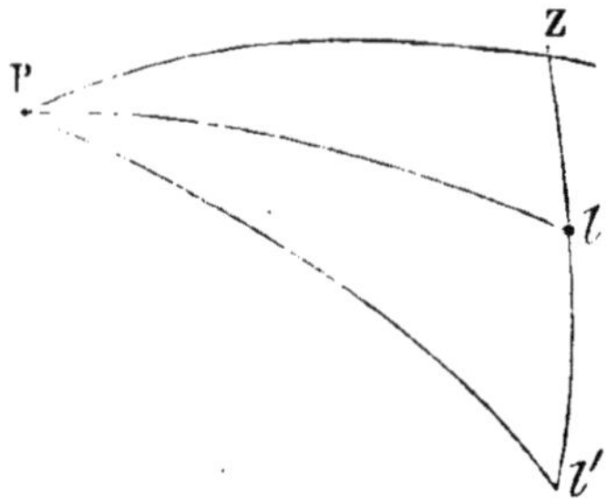

Nous voyons que la parallaxe fait différer les *coordonnées équatoriales*, considérées de la position de l'observateur, de ce qu'elles seraient pour un observateur situé au centre de la Terre.

$Pl = 90° - D$ est la distance polaire *vraie*,

$Pl' = 90° - D'$ est la distance polaire *apparente*,

$ZPl = h_a$ est l'angle horaire *vrai*,

$ZPl' = h'_a$ est l'angle horaire *apparent*,

$Pl - Pl' = D' - D = b$ est la *parallaxe de déclinaison*,

$ZPl - ZPl' = h'_a - h_a = a$ est la *parallaxe d'ascension droite*.

On peut déterminer ces deux quantités, en fonction des coordonnées équatoriales vraies, de l'heure sidérale et de la latitude du lieu. Le triangle lPl' donne

$$\sin l\,P\,l' = \frac{\sin ll' \sin P l' l}{\sin P l}$$

ou

$$\sin a = \frac{\sin p \sin P l' Z}{\cos D};$$

mais le triangle $P l' Z$ donne, en nommant φ la latitude,

$$\sin P l' z = \frac{\cos \varphi \sin h'_a}{\sin z'},$$

z' représentant toujours la distance zénithale apparente. Nous aurons alors

$$\sin a = \frac{\sin p}{\cos D} \frac{\cos \varphi \sin h'_a}{\sin z}$$

ou

$$\sin a = \frac{\sin P \cos \varphi \sin h'_a}{\cos D}.$$

Comme pour le Soleil et pour Vénus, P et a sont très-petits, nous pouvons écrire

$$a = \frac{P \cos \varphi \sin h'_a}{\cos D}.$$

Comme h'_a diffère peu de h_a, et que l'angle horaire astronomique d'un astre est égal à l'heure sidérale du lieu h_s moins l'ascension droite vraie A, on a enfin

$$(28) \qquad a = P \sec D \sin (A - h_s) \cos \varphi.$$

Pour obtenir la *parallaxe de déclinaison* b, nous avons

$$\sin b = \sin (D' - D) = \sin D' \cos D - \cos D' \sin D;$$

mais le triangle PZl (*fig.* 8) donne, en désignant toujours par z la distance zénithale vraie

$$\sin D = \cos Z \cos \varphi \sin z + \sin \varphi \cos z,$$

et le triangle $ZP l'$ donne, en désignant toujours par z' la distance zénithale apparente,

$$\cos Z = \frac{\sin D' - \sin \varphi \cos z'}{\cos \varphi \sin z'};$$

on a donc

$$\sin D = \frac{\sin D' - \sin \varphi \cos z'}{\cos \varphi \sin z'} \cos \varphi \sin z + \sin \varphi \cos z$$

$$= \sin \varphi \left(\cos z - \frac{\cos z' \sin z}{\sin z'} \right) + \sin D' \frac{\sin z}{\sin z'}$$

$$= \frac{\sin \varphi \sin (z' - z)}{\sin z'} + \sin D' \frac{\sin z}{\sin z'};$$

mais $z' - z$ est la *parallaxe de hauteur*, c'est-à-dire que

$$\sin (z' - z) = \sin P \sin z';$$

il vient donc

$$\sin D = \sin \varphi \sin P + \sin D' \frac{\sin z}{\sin z'}.$$

Des deux triangles **ZPl** et **ZPl'** on déduit

$$\sin z = \frac{\cos D \sin h_a}{\sin Z}, \quad \sin z' = \frac{\cos D' \sin h_a'}{\sin Z},$$

d'où

$$\frac{\sin z}{\sin z'} = \frac{\cos D \sin h_a}{\cos D' \sin h_a'};$$

il vient alors

$$\sin D = \sin \varphi \sin P + \sin D' \frac{\cos D \sin h_a}{\cos D' \sin h_a'}.$$

Si nous mettons cette valeur de $\sin D$ dans l'expression de $\sin b$, nous aurons

$$\sin b = \sin D' \cos D - \cos D' \sin \varphi \sin P - \sin D' \frac{\cos D \sin h_a}{\sin h_a'}$$

ou

$$\sin b = \sin D' \cos D \left(1 - \frac{\sin h_a}{\sin h_a'} \right) - \cos D' \sin \varphi \sin P.$$

ou encore

$$\sin b = \sin D' \cos D \; \frac{2 \cos \left(\dfrac{h'_a + h_a}{2} \right) \sin \dfrac{a}{2}}{\sin h'_a} - \cos D' \sin \varphi \sin P.$$

Mais nous avons trouvé ci-dessus

$$\sin a = \frac{\sin P \cos \varphi \sin h'_a}{\cos D};$$

on a donc

$$\frac{\sin \dfrac{a}{2}}{\sin h'_a} = \frac{\sin P \cos \varphi}{\cos D . 2 \cos \dfrac{a}{2}}.$$

Substituant cette valeur dans l'expression de $\sin b$, il vient

$$\sin b = \frac{\sin D' \sin P \cos \varphi}{\cos \dfrac{a}{2}} \cos \frac{h'_a + h_a}{2} - \cos D' \sin \varphi \sin P.$$

Or, comme pour le Soleil et Vénus, on peut poser

$$\sin b = b \sin 1''.$$
$$\sin P = P \sin 1''.$$
$$\cos \frac{a}{2} = 1;$$

on a, en faisant aussi $\cos \dfrac{h'_a + h_a}{2} = \cos h_a = \cos(h_s - A)$ et
$D' = D$,

(29) $b = P[\sin D \cos \varphi \cos(h_s - A) - \cos D \sin \varphi].$

Les formules (28) et (29) donnent, pour les astres tels que le
Soleil et les planètes, les *parallaxes d'ascension droite et de
déclinaison*.

Nous pouvons obtenir aussi, par une simple analogie, les for-

mules relatives aux *parallaxes de longitude* et *de latitude*, c'est-
à-dire celles relatives aux changements apportés dans les *coordonnées* écliptiques d'un astre par la position de l'observateur
supposé sur la surface de la Terre, au lieu de le considérer au
centre de notre globe.

Soient (*fig.* 9) p le pôle de l'*écliptique*, P le pôle de l'*équa-*

Fig. 9.

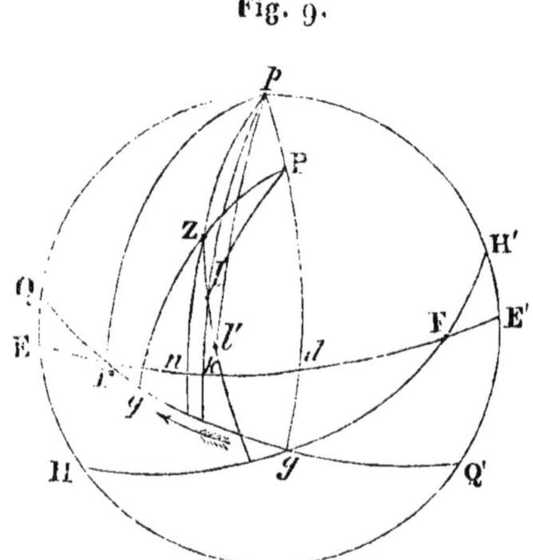

teur, Z le *zénith* de l'observateur, EE' l'*écliptique*, QQ' l'*équateur* et HH' *l'horizon rationnel.*

Soient aussi l la position *vraie* d'un astre sur la sphère céleste, et l' sa position *apparente.*

Menons les cercles de latitude pr, pl et pl'.

$$rpl' - rpl = c \text{ est la } parallaxe\ de\ longitude;$$
$$pl' - pl = e \text{ est la } parallaxe\ de\ latitude.$$

Supposons que le mouvement diurne ait lieu dans le sens de
la flèche.

Il est clair que tout ce que nous avons dit pour la détermination des *parallaxes d'ascension droite* et *de déclinaison* peut

s'appliquer aux *parallaxes de longitude* et *de latitude*, pourvu que, dans les formules trouvées, nous remplacions

$PZ = 90° - \varphi$ par $pZ = 90° - Zn$,

$ZPl = h_a$ par $Zpl = rpl - rpZ = rk - rn$,

$Pl = 90° - D$ par $pl = 90° - L$ ou 90° moins la latitude vraie de l'astre.

Rappelons maintenant ce que c'est que

$$Zn, \quad rn \quad \text{et} \quad rk.$$

Le grand cercle pZn, étant à la fois *perpendiculaire* sur l'*écliptique* et sur l'*horizon*, a pour pôle le point F, point d'intersection de ces deux cercles; le point n est donc le point de l'écliptique qui, au moment considéré, est LE PLUS ÉLEVÉ *au-dessus de l'horizon*; on le nomme le *nonagésime*.

Zn est alors la *distance zénithale du nonagésime :* nous la représenterons par ν; rn est la *longitude* de ce même point : nous la représenterons par ε; enfin rk est la longitude vraie de l'astre au moment considéré : nous la représenterons par λ. Voyons comment on obtient ν et ε.

Le grand cercle $pPdg$ a pour pôle le point vernal : donc $rd = rg = 90°$; de plus, rq est l'heure sidérale du lieu.

Le triangle ZPp donne alors, en remarquant que $Zp = 90° - v$,

$$(30) \qquad \sin\nu = \sin\varphi\cos\omega - \cos\varphi\sin\omega\sin h_s,$$

et, aussi, puisque $ZpP = 90° - \varepsilon$,

$$\tan\varphi\sin\omega = -\cos\omega\sin h_s + \cos h_s\tan\varepsilon,$$

d'où

$$(31) \qquad \tan\varepsilon = \tan h_s\cos\omega + \frac{\sin\omega\tan\varphi}{\cos h_s}.$$

Les formules (30) et (31) feront connaître la *distance zénithale* et la *longitude du nonagésime.*

En opérant maintenant, dans les formules de parallaxes d'ascension droite et de déclinaison, les substitutions que nous avons indiquées ci-dessus, nous trouvons pour *parallaxe de longitude*

$$(32) \qquad c = \frac{P \cos \nu \sin (\lambda - \varepsilon)}{\cos L},$$

et pour *parallaxe de latitude*

$$(33) \qquad c = P \left[\sin L \cos \nu \cos (\lambda - \varepsilon) - \cos L \sin \nu \right].$$

On aurait pu obtenir ces formules par une autre méthode, qui consiste à établir, d'après le principe relatif à la *projection d'un contour polygonal sur une droite fixe*, trois équations qui lient les *coordonnées vraies* d'un astre rapporté au plan de l'équateur et au centre de la Terre, et les *coordonnées apparentes* du même astre, rapporté aux mêmes plans, mais envisagé du lieu de l'observateur.

La méthode que nous avons donnée nous a semblé peut-être plus à la portée de tous les lecteurs.

III. — Comment on peut prédire les différentes phases du passage de Vénus sur le disque solaire pour un lieu déterminé.

Première méthode.

Nous allons simplement considérer la détermination de l'instant d'une phase, du *premier contact intérieur*, par exemple ; les déterminations relatives aux instants des autres phases se font d'une manière analogue.

Supposons que, pour le *centre de la Terre*, le premier contact *intérieur* arrive à l'époque, temps moyen de Paris,

$$T_2 = 0 + t_2.$$

Pour un lieu dont la latitude est φ et la longitude G, l'heure, temps moyen de Paris, correspondant à la même phase sera

$$T_2 + t',$$

t' ayant une très-petite valeur.

Pour déterminer t', remarquons qu'à l'instant $T_2 + t'$ les coordonnées *écliptiques* géocentriques des deux astres seront

$$\odot_2 + m't', \quad \text{longitude du Soleil},$$
$$\lambda_2 + mt', \quad \text{longitude de Vénus},$$
$$L_2 + lt', \quad \text{latitude de Vénus},$$

$\odot_2$, λ_2 et L_2 désignant les coordonnées du Soleil et de Vénus pour l'époque T_2.

En supposant t' exactement connu, ces coordonnées, étant déduites des Tables, ne seraient pas rigoureusement exactes, parce que les constantes des Tables sont légèrement erronées.

Appelons :

x' l'erreur existant sur la *longitude* du Soleil, par suite des erreurs des Tables ;

x celle qui existe sur la *longitude* de Vénus,

et enfin y l'erreur affectant la latitude de la *planète*.

Les coordonnées vraies exactes seront alors

$$\odot_2 + m't' + x', \quad \text{longitude du Soleil},$$
$$\lambda_2 + mt' + x, \quad \text{longitude de la planète},$$
$$L_2 + lt' + y, \quad \text{latitude de la planète}.$$

Pour avoir maintenant les coordonnées apparentes relatives à un observateur placé au lieu considéré, il faut corriger ces coordonnées de l'effet de la parallaxe.

Employons les formules (32) et (33) et posons

$$\text{Pour Vénus......} \quad \begin{cases} h = \dfrac{\cos\nu \sin(\lambda_2 - \varepsilon)}{\cos L_2}, \\[2ex] k = \sin L_2 \cos\nu \cos(\lambda_2 - \varepsilon) - \cos L_2 \sin\nu ; \end{cases}$$

$$\text{Pour le Soleil......} \quad \begin{cases} h' = \cos\nu \sin(\odot_2 - \varepsilon), \\[1ex] k' = -\sin\nu. \end{cases}$$

Nous faisons, pour le Soleil, $L_2 = 0$.

Les valeurs de ν et ε sont déterminées à l'aide des formules (30) et (31).

En désignant par P la parallaxe horizontale du Soleil et par Π celle de Vénus, les parallaxes de longitude et de latitude seront

$$\text{Pour Vénus} \ldots \ldots \ldots \begin{cases} \Pi h, & \text{parallaxe de longitude,} \\ \Pi k, & \text{parallaxe de latitude;} \end{cases}$$

$$\text{Pour le Soleil} \ldots \ldots \begin{cases} P h', & \text{parallaxe de longitude,} \\ P k', & \text{parallaxe de latitude.} \end{cases}$$

On aura donc pour coordonnées écliptiques *apparentes*, relatives au lieu considéré :

	Longitude apparente.	Latitude apparente.
Pour le Soleil....	$\odot_2 + m't' - Ph' + x'$,	$- Pk'$,
Pour Vénus.....	$\lambda_2 + mt' - \Pi h + x$,	$L_2 + lt' - \Pi k + y$.

Nous négligeons l'effet parallactique dans les quantités m', m et l.

Appelons aussi n_2 l'erreur commise sur la différence $(d' - d)$ des demi-diamètres, par suite de l'incertitude qui règne sur la valeur rigoureuse de ces quantités.

Fig. 10.

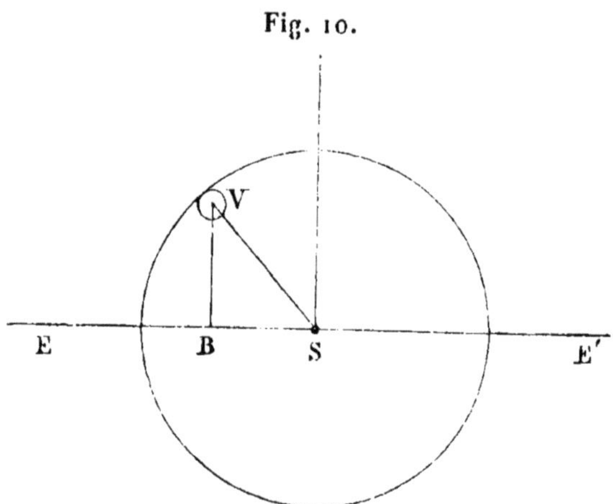

Le triangle VSB (*fig.*10), dans lequel $VS = (d' - d) + n_2$, VB

est la différence de latitudes apparentes des deux astres, et BS
la différence de leurs longitudes apparentes, nous donne

$$[\lambda_2 - \odot_2 + (m - m')t' - (\Pi h - P h') + x - x']^2$$
$$+ [L + lt' - (\Pi k - P k') + y]^2 = (d' - d + r_2)^2.$$

Mais, comme h et h' sont peu différents l'un de l'autre, et qu'il
en est de même de k et k', nous pouvons écrire

$$[\lambda_2 - \odot_2 + (m - m')t' - h'(\Pi - P) + x - x']^2$$
$$[L + lt' - k'(\Pi - P) + y]^2 = (d' - d + r_2)^2.$$

Développant les carrés, négligeant les termes en h'^2, k'^2, x^2,
x'^2, y^2 et y'^2, ainsi que les termes du second ordre, et remarquant que, entre les quantités

$$\odot_2, \ \lambda_2, \ L_2 \ \text{et} \ (d' - d)^2,$$

nous devons avoir, pour le cas considéré, la relation

$$(\lambda_2 - \odot_2)^2 + L_2^2 = (d' - d)^2,$$

nous trouvons enfin

$$(34) \quad t' = \frac{(\lambda_2 - \odot_2)[h'(\Pi - P) - (x - x')] - L_2[k'(\Pi - P) - y] + (d' - d)r_2}{(\lambda_2 - \odot_2)(m - m') + L_2 l}.$$

En négligeant, dans cette expression, les termes $(x - x')$, y
et $(d' - d)n_2$, qui sont très-petits, et qu'on ne connaît pas, et
en prenant pour les parallaxes Π et P leurs valeurs *approchées*,
on aura t' d'une manière suffisamment exacte pour déterminer
l'époque $T_2 + t'$ de la phase considérée, de manière à pouvoir se
mettre en observation *un peu avant l'époque trouvée*, et suivre
le phénomène.

Deuxième méthode.

Soient P (*fig.* 11) le pôle de l'équateur, V et S les positions
vraies de Vénus et du Soleil sur la sphère céleste, V' et S' leurs

positions *apparentes* au moment d'une phase considérée du centre de la Terre, le premier contact extérieur, par exemple.

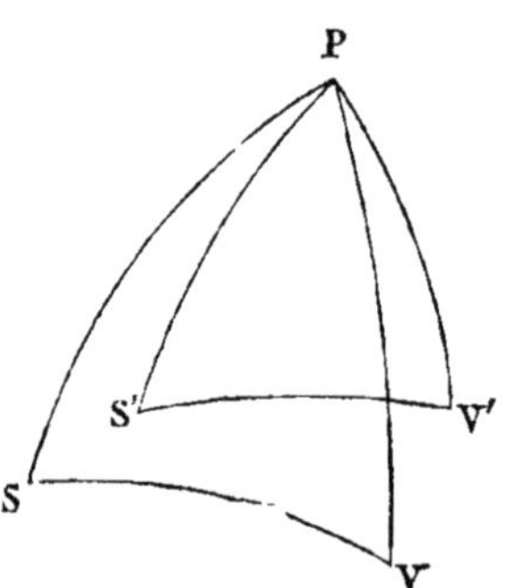

Fig. 11.

Représentons toujours par Δ la distance vraie VS des deux astres, à ce moment voisin de la conjonction en ascension droite, et par Δ' leur distance apparente pour un observateur situé à la surface de la Terre.

Nous allons exprimer la distance *apparente* Δ' en fonction de la distance vraie Δ, c'est-à-dire déterminer la valeur Δ' de la distance apparente des deux astres à cette époque T_1, temps moyen de Paris, pour laquelle la distance des centres de ces deux astres, pour un observateur situé au centre de la Terre, serait Δ.

Pour cela, désignons, pour l'époque T_1, par

δ la déclinaison *vraie* de VÉNUS, et δ' sa déclinaison *apparente*;

α son ascension droite *vraie*, et α' son ascension droite *apparente*;

D la déclinaison *vraie* du SOLEIL, et D' sa déclinaison *apparente*;

A son ascension droite *vraie*, et A' son ascension droite *apparente*.

Le triangle vrai SPV nous donne

$$\cos \Delta = \sin \delta \sin D + \cos \delta \cos D \cos(\alpha - A),$$

et le triangle apparent S′PV′ donne

$$\cos\Delta' = \sin\delta'\sin D' + \cos\delta'\cos D'\cos(\alpha' - A').$$

Nous pouvons écrire

$$\cos\Delta' = \sin[\delta + (\delta'-\delta)]\sin[D + (D'-D)] + \cos[\delta + (\delta'-\delta)]$$
$$\times \cos[D + (D'-D)]\cos[\alpha - A + (\alpha'-\alpha) - (A'-A)].$$

En développant et posant

$$\sin(\delta' - \delta) = \delta' - \delta,$$
$$\sin(D' - D) = D' - D,$$
$$\sin(\alpha' - \alpha) = \alpha' - \alpha,$$
$$\sin(A' - A) = A' - A.$$
$$\cos(\delta' - \delta) = 1,$$
$$\cos(D' - D) = 1,$$
$$\cos(\alpha' - \alpha) = 1,$$
$$\cos(A' - A) = 1,$$

on obtient, en négligeant les termes du second ordre,

$$\cos\Delta' = \cos\Delta + (\delta'-\delta)[\cos\delta\,\sin D - \sin\delta\,\cos D\,\cos(\alpha - A)]$$
$$+ (D'-D)[\sin\delta\,\cos D - \cos\delta\,\sin D\,\cos(\alpha - A)]$$
$$- (\alpha'-\alpha)\cos\delta\,\cos D\,\sin(\alpha - A)$$
$$+ (A'-A)\cos\delta\,\cos D\,\sin(\alpha - A).$$

On peut arriver à ce résultat en considérant $\cos\Delta'$ comme une fonction des quantités δ, D, α et A ; on a alors

$$\cos\Delta = f(\delta, D, \alpha, A)$$

et

$$\cos\Delta' = f[\delta + (\delta'-\delta),\ D + (D'-D),\ \alpha + (\alpha'-\alpha),\ A + (A'-A)].$$

En appliquant le théorème de Taylor à *quatre* variables et en s'arrêtant aux termes du premier ordre, on trouve le développement ci-dessus.

$(\delta' - \delta)$ et $(D' - D)$ sont les *parallaxes de déclinaison* de Vénus et du Soleil, $(\alpha' - \alpha)$ et $(A' - A)$ sont leurs *parallaxes d'ascension droite*. D'après les formules (28) et (29) données précédemment, et en désignant toujours par Π et P les *parallaxes horizontales* de Vénus et du Soleil, nous avons

$$(\delta' - \delta) = \Pi[\cos\varphi \sin\delta \cos(\alpha - h_s) - \sin\varphi \cos\delta],$$
$$(D' - D) = P[\cos\varphi \sin D \cos(A - h_s) - \sin\varphi \cos D],$$
$$(\alpha' - \alpha) = \Pi \sec\delta \sin(\alpha - h_s) \cos\varphi,$$
$$(A' - A) = P \sec D \sin(A - h_s) \cos\varphi.$$

φ est toujours la latitude du lieu, et h_s son heure sidérale. Si nous substituons ces valeurs dans l'expression ci-dessus donnant $\cos\Delta'$, il vient

$$\begin{aligned}
\cos\Delta' = \cos\Delta &+ [\cos\delta \sin D - \sin\delta \cos D \cos(\alpha - A)]\\
&\times [\Pi \cos\varphi \sin\delta \cos(\alpha - h_s) - \Pi \sin\varphi \cos\delta]\\
&+ [\sin\delta \cos D - \cos\delta \sin D \cos(\alpha - A)]\\
&\times [P \cos\varphi \sin D \cos(A - h_s) - P \sin\varphi \cos D]\\
&- \Pi \cos D \sin(\alpha - A) \sin(\alpha - h_s) \cos\varphi\\
&+ P \cos\delta \sin(\alpha - A) \sin(A - h_s) \cos\varphi.
\end{aligned}$$

On peut donner à cette expression une forme plus concise.

Remarquons d'abord que $\cos\varphi$ ou $\sin\varphi$ entrent dans tous les termes du développement; on voit facilement que le *coefficient* de $\cos\varphi$ sera

$$\begin{aligned}
\Pi[&\sin\delta \cos\delta \sin D \cos(\alpha - h_s)\\
&- \sin^2\delta \cos D \cos(\alpha - h_s) \cos(\alpha - A) - \cos D \sin(\alpha - A) \sin(\alpha - h_s)]\\
+ P[&\sin D \cos D \sin\delta \cos(A - h_s)\\
&- \sin^2 D \cos\delta \cos(A - h_s) \cos(\alpha - A) + \cos\delta \sin(\alpha - A) \sin(A - h_s)].
\end{aligned}$$

En remplaçant $\sin^2\delta$ par $1 - \cos^2\delta$, et $\sin^2 D$ par $1 - \cos^2 D$,

(45)

ous avons, pour ce coefficient de $\cos\varphi$,

$\sin\delta\sin D+\cos\delta\cos D\cos(\alpha-A)]\cos\delta\cos(\alpha-h_s)-\cos D\cos(A-h_s)$

$\sin D\sin\delta+\cos D\cos\delta\cos(\alpha-A)]\cos D\cos(A-h_s)-\cos\delta\cos(\alpha-h_s)$.

Mais, à cause de la valeur de $\cos\Delta$ donnée page 42, ce coefficient de $\cos\varphi$ peut encore s'écrire

$$\Pi[\cos\Delta\cos\delta\cos(\alpha-h_s)-\cos D\cos(A-h_s)]$$
$$+ P[\cos\Delta\cos D\cos(A-h_s)-\cos\delta\cos(\alpha-h_s)].$$

On peut mettre en évidence, dans cette expression, $\cos h_s$ et $\sin h_s$, et lui donner la forme

$$[(\Pi\cos\Delta-P)\cos\delta\cos\alpha-(\Pi-P\cos\Delta)\cos D\cos A]\cos h_s$$
$$+[(\Pi\cos\Delta-P)\cos\delta\sin\alpha-(\Pi-P\cos\Delta)\cos D\sin A]\sin h_s.$$

Tel est le coefficient de $\cos\varphi$.

Le coefficient de $\sin\varphi$ est d'abord

$$\Pi[-\cos^2\delta\sin D+\sin\delta\cos\delta\cos D\cos(\alpha-A)]$$
$$+P[-\cos^2 D\sin\delta+\sin D\cos D\cos\delta\cos(\alpha-A)],$$

qui devient, en remplaçant $\cos^2\delta$ par $1-\sin^2\delta$ et $\cos^2 D$ par $1-\sin^2 D$,

$$\Pi\{-\sin D+\sin\delta[\sin\delta\sin D+\cos\delta\cos D\cos(\alpha-A)]\}$$
$$+P\{-\sin\delta+\sin D[\sin\delta\sin D+\cos\delta\cos D\cos(\alpha-A)]\},$$

et en ayant égard à la valeur de $\cos\Delta$, déduite du triangle vrai,

$$(\Pi\cos\Delta-P)\sin\delta-(\Pi-P\cos\Delta)\sin D.$$

L'équation donnant $\cos\Delta'$ devient donc

$$'=\cos\Delta+[(\Pi\cos\Delta-P)\cos\delta\cos\alpha-(\Pi-P\cos\Delta)\cos D\cos A]\cos\varphi\cos h_s$$
$$+[(\Pi\cos\Delta-P)\cos\delta\sin\alpha-(\Pi-P\cos\Delta)\cos D\sin A]\cos\varphi\sin h_s$$
$$+[(\Pi\cos\Delta-P)\sin\delta-(\Pi-P\cos\Delta)\sin D]\sin\varphi.$$

Pour arriver à une expression encore plus simple, on peut introduire deux variables auxiliaires f et s établies par les relations

$$(35) \qquad \begin{cases} f \sin s = \Pi \cos\Delta - P, \\ f \cos s = - \Pi \sin\Delta. \end{cases}$$

En multipliant la première par $\cos\Delta$, la seconde par $\sin\Delta$ et faisant la différence, on a

$$f \sin(s - \Delta) = \Pi - P \cos\Delta.$$

En introduisant ces nouvelles expressions dans la relation donnant $\cos\Delta'$, nous avons

$$\begin{aligned} \cos\Delta' = {}& \cos\Delta + f[\sin s \cos\delta \cos\alpha - \sin(s-\Delta) \cos D \cos A] \cos\varphi \cos h \\ & + f[\sin s \cos\delta \sin\alpha - \sin(s-\Delta) \cos D \sin A] \cos\varphi \sin h \\ & + f[\sin s \sin\delta - \sin(s-\Delta) \sin D] \sin\varphi. \end{aligned}$$

Posons maintenant

$$(36) \quad \begin{cases} \sin s \cos\delta \cos\alpha - \sin(s-\Delta) \cos D \cos A = B \cos\beta \cos\lambda, \\ \sin s \cos\delta \sin\alpha - \sin(s-\Delta) \cos D \sin A = B \cos\beta \sin\lambda, \\ \sin s \sin\delta - \sin(s-\Delta) \sin D = B \sin\beta, \end{cases}$$

B, β et λ étant trois nouvelles auxiliaires.

En élevant au carré ces trois dernières relations, faisant leur somme et en ayant égard à la relation

$$\cos\Delta = \sin\delta \sin D + \cos\delta \cos D \cos(A - \alpha),$$

on trouve

$$\begin{aligned} B^2 = {}& \sin^2 s + \sin^2(s - \Delta) - 2\sin s \sin(s - \Delta) \cos\Delta \\ = {}& \sin^2 s + \sin^2 s \cos^2\Delta + \cos^2 s \sin^2\Delta - 2\sin s \cos s \sin\Delta \cos\Delta \\ & \qquad - 2\sin^2 s \cos^2\Delta + 2\sin s \cos s \sin\Delta \cos\Delta, \end{aligned}$$

c'est-à-dire

$$B^2 = \sin^2\Delta \quad \text{ou} \quad B = \sin\Delta.$$

Les équations (36) peuvent alors s'écrire

$$(36')\begin{cases} \cos\alpha \sin s \cos\delta - \sin(s-\Delta)\cos D \cos A = \sin\Delta \cos\beta \cos\lambda, \\ \sin\alpha \sin s \cos\delta - \sin(s-\Delta)\cos D \sin A = \sin\Delta \cos\beta \sin\lambda \\ \sin s \sin\delta - \sin(s-\Delta)\sin D = \sin\Delta \sin\beta. \end{cases}$$

En multipliant la première par $\sin A$, la seconde par $\cos A$, et faisant la *différence,* puis la première par $\cos A$, la seconde par $\sin A$, et faisant *la somme,* ces trois équations deviennent

$$(37)\begin{cases} \sin(\lambda-A)\sin\Delta\cos\beta = \sin s \cos\delta \sin(\alpha-A), \\ \cos(\lambda-A)\sin\Delta\cos\beta = \sin s \cos\delta \cos(\alpha-A)-\sin(s-\Delta)\cos D, \\ \sin\Delta \sin\beta = \sin s \sin\delta - \sin(s-\Delta)\sin D. \end{cases}$$

Mais on a identiquement

$$\sin s \cos\delta \cos(\alpha-A) - \sin(s-\Delta)\cos D$$
$$= \sin s [\cos\delta \cos(\alpha-A) - \cos\Delta \cos D] + \cos s \sin\Delta \cos D,$$

et

$$\sin s \sin\delta - \sin(s-\Delta)\sin D$$
$$= \sin s (\sin\delta - \cos\Delta \sin D) + \cos s \sin\Delta \sin D.$$

Le triangle vrai PVS (*fig.* 12) donne aussi, en posant toujours $PSV = M$ et $PVS = 180 - M'$,

$$(38)\begin{cases} \sin M \sin\Delta = \cos\delta \sin(\alpha-A), \\ \cos M \sin\Delta = \sin\delta \cos D - \cos\delta \sin D \cos(\alpha-A)\ (^1), \\ \cos\Delta = \sin\delta \sin D + \cos\delta \cos D \cos(\alpha-A). \end{cases}$$

(^{1}) La seconde relation se déduit de la formule des quatre éléments consécutifs :

$$\cot PV \sin PS = \cos PS \cos P + \sin P \cot M$$

ou

$$\cot PV \sin PS - \cos PS \cos P = \cos M \frac{\sin P}{\sin M} = \cos M \frac{\sin\Delta}{\sin PV},$$

d'où

$$\cos PV \sin PS - \cos PS \sin PV \cos P = \cos M \sin\Delta.$$

En multipliant la deuxième de ces relations par $\sin D$, la troisième par $\cos D$, et faisant la différence, nous aurons

$$\cos(\alpha - A)\cos\delta = \cos D \cos\Delta - \sin D \sin\Delta \cos M;$$

Fig. 12.

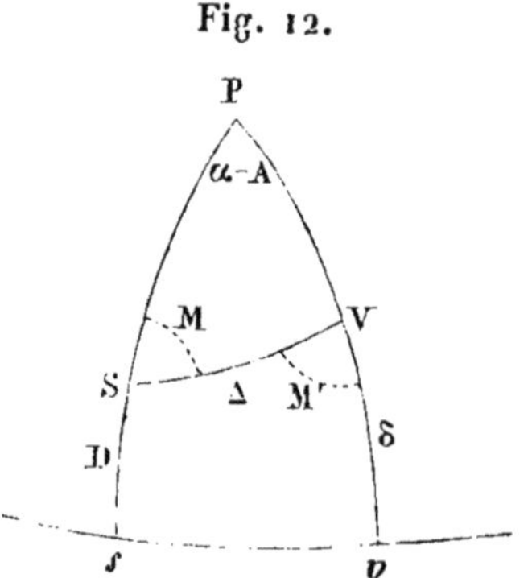

en multipliant la deuxième par $\cos D$, la troisième par $\sin D$, et faisant la *somme*, on trouve

$$\sin\delta = \sin D \cos\Delta + \cos D \sin\Delta \cos M.$$

D'après ces relations, les équations (37) deviennent, en tenant aussi compte de la première des relations (38),

$$(39) \quad \begin{cases} \sin(\lambda - A)\cos\beta = \sin s \sin M, \\ \cos(\lambda - A)\cos\beta = \cos s \cos D - \sin s \sin D \cos M, \\ \sin\beta = \cos s \sin D + \sin S \cos D \cos M. \end{cases}$$

La valeur de s ayant été calculée à l'aide des relations (35), et celle de M à l'aide des relations (38), en remarquant que M est ici ce que nous avons représenté par S, relativement au centre de la Terre, les équations (39) permettront de déterminer les auxiliaires λ et β. D et A se rapportent évidemment à l'époque, temps moyen de Paris, qui correspond à la phase considérée, mais pour le centre de la Terre.

(49)

Les relations (36), introduites dans la dernière valeur de $\cos \Delta'$, donnent enfin

$$\cos\Delta' = \cos\Delta + f\sin\Delta\,[\sin\varphi\sin\beta + \cos\varphi\cos\beta\cos(\lambda - h_s)].$$

Si nous désignons toujours par T_1 l'époque, temps moyen de Paris, qui correspond aux valeurs α, δ, A et D, et si nous appelons h'_s *l'heure sidérale* de Paris correspondant à T_1, et G la longitude *orientale* du lieu dont la latitude est φ et l'heure sidérale h_s, nous aurons

$$h_s = h'_s + G,$$

et par suite

$$\lambda - h_s = \lambda - h'_s - G.$$

En employant alors deux nouvelles auxiliaires, Λ et ζ, satisfaisant aux deux relations

$$(40) \qquad \left\{ \begin{aligned} &\Lambda = \lambda - h'_s, \\ &\cos\zeta = \sin\varphi\sin\beta + \cos\varphi\cos\beta\cos(\lambda - h_s), \\ & = \sin\varphi\sin\beta + \cos\varphi\cos\beta\cos(\Lambda - G), \end{aligned} \right.$$

nous aurons enfin la formule très-simple

$$(41) \qquad \cos\Delta' = \cos\Delta + f\sin\Delta\cos\zeta.$$

L'illustre Lagrange, en 1766, a déduit de cette dernière relation un théorème remarquable que nous allons rappeler.

Remarquons d'abord que les quantités s, f, λ et β, données par les équations (35) et (39), ne dépendent évidemment que de l'époque T_1.

Considérons alors les deux auxiliaires Λ et β comme représentant la *longitude* et la *latitude* d'un point de la surface terrestre se déplaçant avec les différentes valeurs que l'on pourrait prendre pour T_1.

Comme, eu égard à la grande distance à laquelle Vénus et le

5

Soleil se trouvent de nous, nous avons supposé la Terre sphérique, nous pouvons remarquer que la relation

$$\cos \zeta = \sin \varphi \sin \beta + \cos \varphi \cos \beta \cos (\Lambda - G)$$

exprime évidemment le cosinus de la distance ζ de *deux points du globe*, dont les coordonnées seraient

φ latitude ⎞ du lieu pour lequel nous voulons calculer
G longitude ⎠   les phases du passage de Vénus,

β latitude ⎞ du lieu qui dépend, d'après ce que nous
Λ longitude ⎠   venons de voir, de l'époque T_i.

On voit donc qu'à une même époque T, tous les lieux de la surface terrestre qui sont à la distance ζ du lieu (β, Λ) auront une latitude φ et une longitude G, satisfaisant à la relation

$$\cos \zeta = \sin \varphi \sin \beta + \cos \varphi \cos \beta \cos (\Lambda - G).$$

Pour tous ces lieux, situés évidemment sur un petit cercle du globe dont le point (β, Λ) est le pôle, la relation

$$\cos \Lambda' = \cos \Lambda + f \sin \Lambda \cos \zeta$$

ne changera pas ; il en résulte donc

« Qu'à un même instant absolu qui répond à l'heure T_i (temps moyen du premier méridien choisi) et pour chaque lieu au temps $T_i + G$, *la distance apparente* du centre des deux astres est la même pour tous les points de la surface de la Terre, pour lesquels ζ a la même valeur, c'est-à-dire pour tous les lieux qui sont situés sur un petit cercle décrit du point (β, Λ) comme pôle avec ζ pour distance polaire. »

Tel est le théorème de Lagrange.

Nous devons faire remarquer que ce théorème n'est *vrai qu'approximativement,* et la conclusion remarquable de Lagrange ne provient que de la simplification apportée dans les formules de parallaxes d'ascension droite et de déclinaison dont on a fait usage dans l'analyse que nous venons de reproduire.

La formule (41) nous fait voir que le lieu pour lequel l'effet de la parallaxe est *maximum*, c'est-à-dire pour lequel la distance Δ' est le plus différente de la distance Δ, en plus ou en moins, est celui pour lequel $\cos\zeta$ est maximum, c'est-à-dire pour lequel $\zeta = 0$ ou 180 degrés. Donc ce lieu est unique et a pour coordonnées (β et Λ), si Δ est *le plus diminué* par la parallaxe, ou ($-\beta$ et $180° - \Lambda$) si Δ est le *plus augmenté*, f étant supposé positif.

Nous allons maintenant chercher l'époque $T_1 + dt$, précédant ou suivant l'époque T_1, à laquelle l'observateur situé par une longitude G et une latitude φ voit la distance des centres de deux astres égale à la distance Δ, qui est celle vue, à cette époque T_1, du centre de la Terre.

Nommons $d\Delta$ la différence *très-petite* qui existe entre la distance *apparente* Δ' et la distance *vraie* Δ.

D'après l'équation (41), nous aurons

$$\cos(\Delta + d\Delta) = \cos\Delta + f\sin\Delta\cos\zeta.$$

En développant le premier membre, et faisant $\cos\Delta = 1 - \dfrac{(d\Delta)^2}{2}$ et $\sin d\Delta = d\Delta$, on trouve

$$d\Delta = -\tang\Delta \pm \tang\Delta \sqrt{1 - \frac{2f}{\tang\Delta}\cos\zeta};$$

mais comme, pour le cas qui nous occupe, Δ est très-petit, on peut écrire

$$d\Delta = -\Delta \pm \Delta \sqrt{1 - \frac{2f}{\Delta}\cos\zeta};$$

donc $d\Delta$ dépend de l'époque T_1, de la valeur de f, et de la valeur Δ. Nous allons chercher le temps dt pendant lequel la *variation* des coordonnées des deux astres fera changer la distance vraie Δ de la quantité

$$-\Delta \pm \Delta\sqrt{1 - \frac{2f}{\Delta}\cos\zeta}.$$

Les formules (13) et (14), page 19, nous donnent, en multipliant la première par $\sin M$, la seconde par $\cos M$, et en faisant la *somme*,

$$\Delta = (\alpha - A)\cos\tfrac{1}{2}(D + \delta)\sin M + (\delta - D)\cos M.$$

Différentions cette expression par rapport au temps. Nous avons, en considérant $(D + \delta)$ comme constant, dans l'intervalle considéré,

$$\frac{d\Delta}{dt} = \frac{d(\alpha - A)}{dt}\cos\tfrac{1}{2}(\delta + D)\sin M + \frac{d(\delta - D)}{dt}\cos M,$$

$$+ \frac{dM}{dt}\left[(\alpha - A)\cos\tfrac{1}{2}(\delta + D)\cos M - (\delta - D)\sin M\right].$$

Mais, d'après les équations (13) et (14), le coefficient de $\frac{dM}{dt}$ est *nul;* on a donc tout simplement

$$\frac{d\Delta}{dt} = \frac{d(\alpha - A)}{dt}\cos\tfrac{1}{2}(\delta + D)\sin M + \frac{d(\delta - D)}{dt}\cos M,$$

ou, d'après les équations (15) et (16),

$$\frac{d\Delta}{dt} = n\cos(M - N),$$

d'où

$$dt = \frac{d\Delta}{n\cos(M - N)}.$$

Mettons, dans cette expression, la valeur de $d\Delta$, trouvée ci-dessus, il vient

$$dt = \frac{-\Delta \pm \Delta\left(1 - \frac{2f}{\Delta}\cos\zeta\right)^{\frac{1}{2}}}{n\cos(M - N)}.$$

(53)

Remarquons que, des équations (35),

$$f \sin s = \Pi \cos \Delta - P,$$

$$f \sin s = - \Pi \sin \Delta,$$

on déduit

$$f^2 = \Pi^2 + P^2 - 2\Pi P \cos \Delta ;$$

donc f est le troisième côté d'un triangle dont deux côtés seraient Π et P, et l'angle compris Δ.

On a donc

$$f = \Pi + P,$$

ou, en prenant pour Π et P leurs valeurs approchées,

$$f < 38'',076.$$

Pour les *contacts intérieurs,* qui sont les *contacts* pour lesquels Δ a la valeur minimum, on a

$$\Delta = d' + d = 917''.8 ;$$

d'après la valeur des demi-diamètres, que nous avons déjà considérés, on a donc

$$\frac{2f}{\Delta} < \frac{76'',152}{917.8} \quad \text{ou} \quad \frac{2f}{\Delta} < \frac{1}{10},$$

donc $\dfrac{2f}{\Delta}$ est très-petit lorsqu'on considère les contacts.

En développant $\left(1 - \dfrac{2f}{\Delta} \cos z \right)^{\frac{1}{2}}$, nous pouvons alors nous

arrêter au second terme, et écrire

$$dt = \frac{- \Delta \pm \Delta \left(1 - \dfrac{2f}{\Delta} \cos z \right)}{n \cos (M - N)} ;$$

on déduit de là, pour dt, les deux valeurs

$$dt = \frac{-f\cos\zeta}{n\cos(M-N)} \quad \text{et} \quad dt = \frac{-2\Delta}{n\cos(M-N)} + \frac{f\cos\zeta}{n\cos(M-N)}.$$

On doit, en effet, trouver deux époques, séparées par un intervalle assez considérable, auxquelles la distance vraie des centres des deux astres, de Δ qu'elle était, devient Δ'; mais pour la question qui nous occupe, dt devant être très-petit, nous ne considérerons que la première valeur

$$dt = \frac{-f\cos\zeta}{n\cos(M-N)}.$$

Cette relation fait voir que, lorsque *pour un observateur supposé au centre de la Terre* la distance vraie des centres des deux astres est Δ, à l'époque T_{ι}, la distance apparente de ces centres, *pour un observateur situé à la surface de la Terre*, sera aussi Δ, à l'époque

$$T_{\iota} - \frac{f\cos\zeta}{n\cos(M-N)} \quad \text{(temps moyen du premier méridien)},$$

ou

$$T_{\iota} - \frac{f\cos\zeta}{n\cos(M-N)} + G \quad \text{(temps moyen du lieu)}.$$

Pour avoir maintenant les époques des contacts, il faudra remplacer, dans les formules qui contiennent Δ, cette quantité par $(d' \pm d)$, suivant les contacts considérés, et, en remarquant qu'en introduisant dans la formule (17), page 21, la valeur $\Delta = d' \pm d$, on a

$$\sin\psi = \sin(M-N),$$

nous aurons enfin pour époques des contacts, en temps moyen

du premier méridien, pour le lieu dont la latitude est φ et la longitude G :

$$(42)\begin{cases} \text{Entrée} \dots\dots\dots\dots\dots\dots\quad T'_1 = T_1 - \dfrac{f\cos\zeta}{n\cos\psi}, \\[2ex] \text{Sortie}\dots\dots\dots\dots\dots\dots\quad T'_2 = T_2 + \dfrac{f\cos\zeta}{n\cos\psi}, \\[2ex] \text{ou, en posant } g = \dfrac{f}{n\cos\psi} \text{ et en temps moyen du lieu,} \\[2ex] \text{Entrée}\dots\dots\dots\dots\dots\quad T'_1 = T_1 - g\cos\zeta - G, \\[2ex] \text{Sortie}\dots\dots\dots\dots\dots\quad T'_2 = T_2 + g\cos\zeta' + G_2, \end{cases}$$

en ayant soin de mettre dans les formules qui donnent ζ, ζ' et ψ la valeur $(d' + d)$ ou $(d' - d)$ qui convient au contact considéré, ainsi que les valeurs convenables de l'angle de position S.

Nous devons immédiatement faire remarquer que, d'après ces formules et d'après ce que nous avons vu plus haut, les deux lieux du globe éprouvant, relativement à l'effet de la parallaxe, l'un *l'accélération maximum* et l'autre le *retard maximum* pour l'ENTRÉE, seraient aux extrémités d'un diamètre terrestre, et *l'accélération serait* ÉGALE *au retard*. Cette conclusion n'a lieu, ainsi que nous l'avons déjà dit, que par suite des *simplifications* apportées aux formules de parallaxes d'ascension droite et de déclinaison.

La durée du phénomène, pour le lieu dont la longitude est G et la latitude φ, sera donnée par l'expression suivante, qui résulte des formules (42), en considérant, par exemple, les contacts extérieurs :

$$(T'_2 - T'_1) = (T_2 - T_1) + g(\cos\zeta' + \cos\zeta).$$

On peut donner à cette expression une forme semblable à celle des formules (42).

Posons

$$g'\cos\zeta'' = g(\cos\zeta' + \cos\zeta);$$

en nommant Λ'' la longitude et β'' la latitude du lieu qui aurait la durée maximum, c'est-à-dire pour lequel $\zeta'' = 0$, nous pourrons écrire

$$g'\left[\sin\beta''\sin\varphi + \cos\beta''\cos\varphi\cos(\Lambda'' - G)\right]$$
$$= g\left[\sin\beta\,\sin\varphi + \cos\beta\,\cos\varphi\cos(\Lambda - G)\right]$$
$$+ g\left[\sin\beta'\sin\varphi + \cos\beta'\cos\varphi\cos(\Lambda' - G)\right];$$

en développant $\cos(\Lambda'' - G)$, $\cos(\Lambda - G)$ et $\cos(\Lambda' - G)$, nous avons, en mettant $\sin\varphi$ et $\cos\varphi\sin G$ en facteur commun,

$$\sin\varphi\left[g'\sin\beta'' - g(\sin\beta + \sin\beta')\right]$$
$$+ \cos\varphi\cos G\left[g'\cos\beta''\cos\Lambda'' - g(\cos\beta\cos\Lambda + \cos\beta'\cos\Lambda')\right]$$
$$+ \cos\varphi\sin G\left[g'\cos\beta''\sin\Lambda'' - g(\cos\beta\sin\Lambda + \cos\beta'\sin\Lambda')\right] = 0.$$

Comme cette équation doit être satisfaite, quelle que soit la valeur de φ, on doit avoir les trois équations

$$g'\sin\beta'' = g(\sin\beta + \sin\beta') = K,$$
$$g'\cos\beta''\cos\Lambda'' = g(\cos\beta\cos\Lambda + \cos\beta'\cos\Lambda') = K',$$
$$g'\cos\beta''\sin\Lambda'' = g(\cos\beta\sin\Lambda + \cos\beta'\sin\Lambda') = K'',$$

d'où l'on déduit, en élevant au carré et faisant la somme,

$$g'^2 = K^2 + K'^2 + K''^2,$$

qui fera connaître g', et l'on aura ensuite

$$\sin\beta'' = \frac{K}{g'},$$

$$\cos\Lambda'' = \frac{K'}{g'\cos\beta''},$$

qui donneront les valeurs de β'' et de Λ'', et, par suite, de ζ''.

On aura donc, d'après cela,

$$(42\ bis) \qquad T'_2 - T'_1 = T_2 - T_1 + g'\cos\zeta'',$$

c'est-à-dire,

$$\text{Durée à la surface} = \text{durée au centre} + g'\cos\zeta''.$$

Le lieu dont la *latitude* est β'' et la *longitude* Λ'' est donc celui qui aura *la plus grande durée*; cette durée sera $(T_2 - T_1) + g'$, et le point antipode, s'il pouvait apercevoir le Soleil, serait celui ayant la *plus petite durée* $(T_2 - T_1) - g'$. La différence des durées relatives à ces *deux lieux* est évidemment égale à $2g'$.

Nous pouvons enfin remarquer que la *durée* du passage pour un point quelconque de l'hémisphère pouvant apercevoir la phase, hémisphère dont le point (β'', Λ'') est le pôle, est toujours plus grande que *celle* relative au centre de la Terre.

On peut, si l'on veut, donner une autre forme aux formules (42) et à la formule (42 *bis*), en mettant à la place de $\cos\zeta$, $\cos\zeta'$ et $\cos\zeta''$, la valeur tirée des équations (40), et en développant $\cos(\Lambda - G)$, $\cos(\Lambda' - G)$ et $\cos(\Lambda'' - G)$; on trouve ainsi :

Pour l'entrée.
$$T'_1 = T_2 + G - g\sin\beta\,\sin\varphi - g\cos\beta\,\cos\varphi\,\cos\Lambda\,\cos G - g\cos\beta\,\cos\varphi\,\sin\Lambda\,\sin G.$$

Pour la sortie.
$$T_2 = T_2 + G + g\sin\beta'\,\sin\varphi + g\cos\beta'\,\cos\varphi\,\cos\Lambda'\,\cos G + g\cos\beta'\,\cos\varphi\,\sin\Lambda'\,\sin G.$$

Pour la durée.
$$D' = D + g'\sin\beta''\,\sin\varphi + g'\cos\beta''\,\cos\varphi\,\cos\Lambda''\,\cos G + g'\cos\beta''\,\cos\varphi\,\sin\Lambda''\,\sin G.$$

On peut poser

$$g\sin\beta = H, \qquad g\sin\beta' = H', \qquad g'\sin\beta'' = H'',$$
$$g\cos\beta\cos\Lambda = H_1, \qquad g\cos\beta'\cos\Lambda' = H'_1, \qquad g'\cos\beta''\cos\Lambda'' = H''_1,$$
$$g\cos\beta\sin\Lambda = H_2; \qquad g\cos\beta'\sin\Lambda' = H'_2; \qquad g'\cos\beta''\sin\Lambda'' = H''_2;$$

et l'on a alors, pour les contacts intérieurs, par exemple,

(43)
$$\begin{cases} \text{Entrée.}\ \ T'_1 = T_1 - H\sin\varphi - H_1\cos\varphi\cos G - H_2\cos\varphi\sin G + G. \\ \text{Sortie..}\ \ T'_2 = T_1 + H'\sin\varphi + H'_1\cos\varphi\cos G + H'_2\cos\varphi\sin G + G. \\ \text{Durée..}\ \ D' = D + H''\sin\varphi + H''_1\cos\varphi\cos G + H''_2\cos\varphi\sin G. \end{cases}$$

Ayant déterminé les valeurs de H, H_1, H_2; H', H'_1, H'_2; H'', H''_1,

H''_2, ou même simplement *leurs logarithmes* et leurs signes, on pourra calculer facilement l'époque T'_1 d'une phase pour un lieu dont la latitude *boréale* est φ et la longitude *orientale* G, connaissant l'époque T_1 de la même phase, pour un observateur supposé au centre de la Terre.

D'après les formules (42), on voit que la *différence de durée* du passage, pour un observateur situé au centre de la Terre et un autre à sa surface, ne peut pas dépasser $2g$.

Pour un passage central on a évidemment $\psi = 0$, et comme de la relation

$$f^2 = \Pi^2 + P^2 - 2\Pi P \cos(d' \pm d)$$

on peut poser approximativement

$$f = \Pi - P,$$

nous voyons que le *minimum* de la différence des durées du *passage* pour un lieu de la surface et pour le centre de la Terre est à peu près égal à

$$\frac{2(\Pi - P)}{n},$$

c'est-à-dire au temps qu'il faut à Vénus pour parcourir sur sa trajectoire le double de la différence des parallaxes horizontales de Vénus et du Soleil. Comme $\Pi - P = 23''$ environ et que n est égal à $234''$, quand Vénus est voisine de sa conjonction inférieure, on trouve

$$2g = \frac{46}{234} = 0^h,19 = 11^m,4 \text{ environ.}$$

Le *maximum* de cette différence de durée est $1^h 42^m$ et se présenterait quand, Vénus décrivant une corde solaire de $408''$, pour un observateur situé au centre de la Terre, l'effet maximum de la parallaxe ferait seulement Vénus effleurer le disque du Soleil pour l'observateur qui, à ce moment, aurait le Soleil à l'horizon.

La flèche de l'arc dont la corde est $408''$ est, en effet, de $23''$ environ, *différence* des parallaxes de Vénus et du Soleil.

On peut se proposer de chercher quelle peut être l'influence, sur la détermination des heures des contacts obtenues par l'analyse précédente, l'influence des valeurs adoptées pour les parallaxes horizontales de *Vénus* et du Soleil, ou plutôt d'une erreur commise sur la parallaxe horizontale *moyenne* du Soleil.

Comme, aux moments des contacts, $\cos(d' \pm d)$ est très-peu différent de 1, nous pouvons écrire la première, par exemple, des relations (42)

$$T'_1 = T_1 + G - \frac{(H - P)\cos z}{n \cos \psi}.$$

Si nous commettons une erreur $d(H - P)$ sur la différence des parallaxes, l'erreur qui en résultera sur T'_1 sera donnée par l'expression

$$dT'_1 = \frac{3600^s \cos z}{n \cos \psi} d(H - P),$$

dT'_1 étant exprimé en secondes de temps.

En appelant ρ_0 et ρ'_0 les *distances moyennes* de *Vénus* et du *Soleil* à la Terre, dont le rayon est supposé égal à l'unité, nous aurons pour parallaxes horizontales *moyennes*, désignées par H_0 et P_0,

$$H_0 = \frac{1}{\rho_0}, \quad P_0 = \frac{1}{\rho'_0}.$$

Si ρ et ρ' sont les distances au moment de la phase considérée, on aura, pour la parallaxe horizontale à ce moment,

$$H = \frac{1}{\rho}, \quad P = \frac{1}{\rho'},$$

d'où

$$H = P_0 \frac{\rho'_0}{\rho} \quad \text{et} \quad P = P_0 \frac{\rho'_0}{\rho'},$$

et par suite

$$\Pi - P = P_0 \left(\frac{\rho'_0}{\rho} - \frac{\rho'_0}{\rho'} \right)$$

ou

$$\Pi - P = P_0 \frac{\dfrac{1}{\rho} - \dfrac{1}{\rho'}}{\dfrac{1}{\rho'_0}},$$

d'où

$$d(\Pi - P) = \frac{dP_0 (\Pi - P)}{P_0};$$

on a donc

$$dT'_1 = \frac{3600^s \cos\zeta}{n \cos\psi} \frac{\Pi - P}{P_0} dP_0.$$

En calculant la valeur

$$\frac{3600^s \cos\zeta}{n \cos\psi} \frac{\Pi - P}{P_0} = K,$$

pour le cas considéré, on pourra voir l'influence, sur T'_1, d'une erreur dP_0 commise dans la parallaxe horizontale *moyenne* du Soleil.

Le facteur K a généralement une valeur assez forte; par suite, une petite erreur commise dans la *parallaxe solaire admise* a une influence *très-notable sur les heures des contacts.*

Application.

Nous allons faire une application des formules que nous venons de donner et chercher l'heure temps moyen du premier contact extérieur de Vénus, en 1874, sur le disque solaire, à l'*Ile Amsterdam.*

Position d'Amsterdam. $\begin{cases} \text{Latitude.....} & 37°47'S = \varphi, \\ \text{Longitude...} & 75°05'E = G. \end{cases}$

On a

$$\Pi = 33'',9, \quad P = 9'',1, \quad d' + d = 16'48'',3 = 1008'',3.$$

Heure, temps moyen de Paris, correspondant au premier contact extérieur pour un observateur situé au centre de la Terre,

$$13^h 55^m 19^s = T_1.$$

Calcul de s et f à l'aide des formules (35), donnant

$$\tan s = \frac{\Pi \cos(d'+d) - P}{-\Pi \sin(d'+d)}, \qquad f = -\frac{\Pi \sin(d'+d)}{\cos s}.$$

$$\log \Pi (33'',9) = 1,5301997$$
$$\log \cos(d'+d) = \overline{1},9999948$$
$$\log \Pi \cos(d'+d) = 1,5301945$$
$$\Pi \cos(d'+d) = 33'',9$$
$$P = \quad 9''.1$$
$$\overline{\qquad 24'',8}$$

$$\log 24,8 = 1,3944517$$
$$C^t \log \Pi = \overline{2},4698003$$
$$C^t \log \sin(d'+d) = 2,3108373$$
$$\log \tan s = 2,1750893$$

$$\log \Pi = 1,5301997$$
$$\log \sin(d'+d) = \overline{3},6891627$$
$$C^t \log \cos s = 2,1751791$$
$$\log f = 1,3945415$$

On a
$$g = \frac{f}{n \cos \psi}$$

$$\log f = 1,3945415$$
$$C^t \log n = \overline{3},6079856$$
$$C^t \log \cos \psi = 0,2421100$$
$$\log g = \overline{1},2446371$$

d'où $\qquad s = 90° 22' 58''$

En calculant D et A pour l'heure, temps moyen de Paris, correspondant à l'instant du premier contact extérieur considéré du centre de la Terre, nous trouvons

$$D = 22°48'34'' S \quad \text{et} \quad A = 255°44'1''.$$

Nous avons aussi trouvé

$$S = 310°23'.$$

Pour calculer β et λ, nous avons les formules (39), qui nous donnent, en remplaçant M par S, que nous prendrons avec le signe $-$,

$$\tan \gamma = \tan s \cos S, \quad \tan(\lambda - A) = \frac{\tan s \sin S \cos \gamma}{\cos(D + \gamma)}$$

et

$$\cos\beta = \frac{\sin s \, \sin S}{\sin(\lambda - A)}.$$

Il vient alors

$$\log \tan g\, s = 2,1750893 -$$
$$\log \cos S = \overline{1},8115069 +$$
$$\log \tan g\, \gamma = \overline{1},9865962$$
$$\gamma = -89°24'33''$$
$$D = -22.48.34$$
$$D + \gamma = 112.13.07$$

$$\log \tan g\, s = 2,1750893 -$$
$$\log \sin S = \overline{1},8817992 -$$
$$\log \cos \gamma = \overline{2},0133347 +$$
$$C^t \log \cos(D+\gamma) = 0,4224178 -$$
$$\log \tan g\,(\lambda - A) = 0,4926410$$
$$\lambda - A = -72°10'14''$$
$$A = 255.44.\ 1$$
$$\lambda = 183.33.47$$
$$h'_s = 258.\ 3.55 \quad (^1)$$
$$\Lambda = -74.30.\ 8$$
$$G = -75.\ 5.$$
$$\Lambda - G = -149.35.\ 8$$

$$\log \sin s = \overline{1},9999102 +$$
$$\log \sin S = \overline{1},8817992 -$$
$$C^t \log \sin(\lambda - A) = 0,0213768 -$$
$$\log \cos \beta = \overline{1},9030862 +$$
$$\beta = 36°52'10''$$
$$\log \cot 37°47' = 0,1105786 -$$
$$\log \cos 149°35'8'' = \overline{1},9357042 -$$
$$\log \tan g\, \varphi' = 0,0462828$$
$$\varphi' = 48°\ 2'50''$$
$$\beta = 36.52.10$$
$$\beta + \varphi' = 84.55.00$$

(^{1}) Calculé approximativement par les formules de Bessel.

$$
\begin{aligned}
\log \sin(\beta + \varphi') &= \quad \overline{1},9982885 + \\
\log \sin \varphi &= \quad \overline{1},7872317 - \\
C^t \log \cos \varphi' &= \quad 0,1748870 + \\
\hline
\log \cos \zeta &= \quad \overline{1},9604072 \\
\log g &= \quad \overline{1},2446371 \\
\hline
\log g \cos \zeta &= \quad \overline{1},2050443 \\
g \cos \zeta &= -0,1603
\end{aligned}
$$

ou
$$
\begin{aligned}
-g \cos \zeta &= + \quad 0^h\ 9^m 37^s \\
T_{\text{\tiny I}} &= \quad 13.55.19 \\
G &= \quad 5.\ 0.20 \\
\hline
T'_{\text{\tiny I}} &= \quad 19.05.16 \quad \text{T. M. de Paris.}
\end{aligned}
$$

d'où (à la colonne ci-dessus)

Nous pouvons aussi déterminer les logarithmes des coefficients H, H', H″ des formules (43),

$$
\begin{array}{ll}
\log g = \overline{1},2446371 + & \qquad \log g = \overline{1}.2446371 + \\
\log \sin \beta = \overline{1},7781467 + & \qquad \log \cos \beta = \overline{1},9030852 + \\
\hline
\log H = \overline{1},0227838 + & \qquad \log \cos \Lambda = \overline{1},4268229 + \\
& \qquad \hline \\
& \qquad \log H' = \overline{2},5745462 +
\end{array}
$$

$$
\begin{aligned}
\log g &= \overline{1},2446371 + \\
\log \cos \beta &= \overline{1},9030862 + \\
\log \sin \Lambda &= \overline{1},9839164 - \\
\hline
\log H'' &= \overline{1},1316397 -
\end{aligned}
$$

On a donc

$$
T'_{\text{\tiny I}} = T_{\text{\tiny I}} + G - (\overline{1},0227838) \sin \varphi
$$
$$
- (\overline{2},5745462) \cos \varphi \cos G - (\overline{1},1316397) \cos \varphi \sin G.
$$

En appliquant cette formule à l'île Amsterdam, on a

$$\log \sin \varphi = \overline{1},7872317 \qquad \log \cos \varphi = \overline{1},8978103$$
$$\overline{1},0227838 \qquad \log \cos G = \overline{1},4106320$$
$$\overline{2},8100155 \qquad \overline{2},5745462$$
$$+ 0,06457 \qquad \overline{3},8829885$$
$$- 0,00764$$

$$\log \cos \varphi = \overline{1},8978103$$
$$\log \sin G = \overline{1},9851125$$
$$\overline{1},1316397$$
$$\overline{1},0145625$$
$$+ 0,1034$$

$$0,10340$$
$$0,06457$$
$$0,16797$$
$$0,00764$$
$$0,16033$$

d'où correction $=$ $0^h\ 9^m 37^s$
$$T_{,} = 13.55.19$$
$$G = 5.\ 0.20$$
$$T' = 19.05.16 \quad \text{T. M. de Paris.}$$

IV. — Méthode pour déterminer la parallaxe horizontale du Soleil, par les passages de Vénus.

Méthode de Halley. — Reprenons la formule 34, page 41, donnant la valeur de t', relative au premier contact intérieur. On a

$$t' = \frac{(\lambda_2 - \odot_2)[h'(\Pi - P) - (x - x')] - L_2'[k'(\Pi - P) - y] + (d' - d)n_2}{(\lambda_2 - \odot_2)(m - m') + L^2 l}.$$

Cette valeur t' représente la quantité à ajouter à l'époque T d'un contact relatif au *centre de la Terre*, pour l'avoir relativement à un lieu déterminé.

Posons

$$(44) \qquad A_2 = \frac{(\lambda_2 - \odot_2)}{(\lambda_2 - \odot_2)(m - m') + L_2 \, l'}$$

$$(45) \qquad B_2 = \frac{L_2}{(\lambda_2 - \odot_2)(m - m') + L_2 \, l'}$$

L'heure H_2 du *premier* contact *intérieur*, relativement au lieu considéré, sera alors donnée par la formule

$$H_2 = T_2 + A_2[h'(\Pi - P) - (x - x')]$$
$$- B_2[k'(\Pi - P) - y] + \frac{B_2(d' - d)\,n_2}{L_2}.$$

En considérant de la même manière le deuxième contact *intérieur*, en affectant de l'indice 3 les quantités affectées ici de l'indice **2**, nous aurons, pour ce contact, relativement au même lieu,

$$H_3 = T_3 + A_3[h''(\Pi - P) - (x - x')]$$
$$- B_3[k''(\Pi - P) - y] + \frac{B_3(d' - d)\,n_3}{L_3}.$$

En faisant la différence $H_3 - H_2 = I$, nous aurons le temps mis par Vénus pour parcourir, relativement au lieu considéré, *la corde solaire joignant les points des deux contacts intérieurs.* On trouve, pour ces intervalles,

$$I = T_3 - T_2 + (\Pi - P)[A_3 h'' - A_2 h' + B_2 k' - B_3 k'']$$
$$- (A_3 - A_2)(x - x') + (B_3 - B_2)y + \frac{B_3 \Delta_3 n_3}{L_3} - \frac{B_2 \Delta_2 n_2}{L_2}.$$

Nous pouvons remarquer que les quatre derniers termes de sont, comme T_3 et T_2, *indépendants* de la position de l'observa-

6.

teur sur la surface de la Terre, puisque toutes ces quantités se rapportent à un observateur situé au centre du globe.

Un second observateur situé dans un autre lieu donnera une équation semblable

$$I' = T_3 - T_2 + (\Pi - P)(A_3 h''_1 - A_2 h'_1 + B_2 k'_1 - B_3 k''_1)$$
$$- (A_3 - A_2)(x - x') + (B_3 - B_2)y + \frac{B_3 \Delta_3 n_3}{L_3} - \frac{B_3 \Delta_3 n_3}{L_3}.$$

De ces deux relations on déduit, pour *différence* I' — I des durées du passage relatives à chaque lieu,

$$I - I' = (\Pi - P)\,[A_3(h'' - h''_1) - A_2(h' - h'_1)$$
$$+ B_2(k' - k'_1) - B_3(k'' - k''_1)] ;$$

d'où l'on obtient

$$(46)\quad \Pi - P = \frac{(I - I')}{A_3(h'' - h''_1) - A_2(h' - h') + B_2(k' - k'_1) - B_3(k'' - k''_1)}.$$

On voit donc que, si deux observateurs placés chacun dans un des lieux considérés observent *avec exactitude* les heures H_3 et H_2 de chaque contact intérieur, on connaîtra, dans chaque lieu, l'intervalle I et I', et par suite I — I'. Le dénominateur de l'expression $(\Pi - P)$ sera calculé à l'aide des formules (44), (45) et de celles données page 39, les éléments entrant dans ces formules ayant été déterminés pour les époques, temps moyen du premier méridien, qui conviennent aux contacts observés. On connaîtra donc de cette manière la différence $(\Pi - P)$ des parallaxes de Vénus et du Soleil. Comme, pour l'époque considérée, on connaît aussi, d'après les Tables du *Soleil* et de *Vénus*, le rapport entre le rayon vecteur r de l'orbite de Vénus, *à ce moment*, et le rayon R de l'orbite terrestre, on connaîtra le rapport des parallaxes par la relation

$$\frac{P}{\Pi} = \frac{R - r}{R} = 1 - \frac{r}{R}.$$

Connaissant $P - \Pi$ et $\dfrac{P}{\Pi}$, on en déduira facilement les parallaxes P et Π.

En posant
$$I - I' = i$$

et
$$A_3(h'' - h''_1) - A_2(h' - h'_1) + B_2(k' - k'_1) - B_1(k'' - k''_1) = M,$$

on a
$$\Pi - P = \frac{i}{M};$$

on trouve alors pour la *parallaxe solaire*
$$P = \frac{i}{M}\left(\frac{R}{r} - 1\right).$$

Si l'on commet sur la différence des intervalles une erreur di, l'erreur dP qui en résultera sur P sera donnée par la relation
$$dP = \frac{di}{M}\left(\frac{R}{r} - 1\right)$$

ou
$$dP = \frac{di}{i}\,\frac{i}{M}\left(\frac{R}{r} - 1\right) = \frac{di}{i}\,P,$$

et par suite
$$\frac{dP}{P} = \frac{di}{i}.$$

L'erreur relative sur P sera donc égale à l'erreur relative sur i.

On voit donc que, pour obtenir la parallaxe solaire avec *le plus d'approximation* possible, *il faut choisir* les deux lieux de manière que la différence i soit maximum, en admettant que les erreurs d'observation des contacts restent à peu près constantes.

Pour le passage de 1874, nous verrons plus loin que, pour des

(68)

stations convenablement choisies, i peut aller à 3o minutes ; **si** l'on commet sur i une erreur de 10 secondes, on aura

$$\frac{dP}{P} = \frac{10^s}{30^m} = \frac{1}{180};$$

donc l'erreur commise sur P sera la 180ᵉ partie de la parallaxe P. En prenant $8'',86$ pour cette parallaxe, l'erreur sera plus petite que $0'',05$, c'est-à-dire *un demi-dixième de seconde*. Si l'on veut avoir cette approximation, il faut donc ne pas commettre une erreur de plus de 10 secondes sur la différence des intervalles.

La méthode que nous venons d'indiquer est due à *Halley*, célèbre astronome anglais, qui en eut la première idée en 1678, à l'âge de vingt-deux ans, lorsqu'il se trouvait à Sainte-Hélène, occupé à déterminer les positions des étoiles voisines du pôle austral. L'observation d'un passage de Mercure, qu'il fit à cette époque, lui suggéra l'idée de sa méthode, qu'il publia, en 1691, dans les *Transactions philosophiques* de la Société Royale de Londres.

En 1716, il fit de nouveau paraître, dans le même Recueil, cette méthode avec tous les développements propres à en faire comprendre l'importance et l'utilité, si elle était appliquée à l'un des passages de Vénus. Il donna à ce sujet des indications sur la première application qu'on pourrait en faire en 1761 lors du passage de cette planète sur le disque solaire.

Extension de la méthode de Halley, ou méthode de de l'Isle. — La méthode que nous venons de donner exige que, dans deux lieux du globe, *choisis convenablement*, on puisse observer le commencement et la fin du phénomène, c'est-à-dire qu'on puisse noter exactement les heures des contacts à l'entrée et à la sortie, afin d'avoir la durée I du passage.

D'après cette méthode, les lieux dans lesquels on ne peut observer qu'un des contacts, soit parce que, au moment de l'autre contact, le Soleil est au-dessous de l'horizon, ou parce qu'un

uage empêche de voir cet astre, à ce moment, ne pouvaient être
aucune utilité.

L'illustre de l'Isle, un des Membres les plus actifs de l'Acadé-
ie des Sciences, au siècle dernier, comprit que, en raison de la
arallaxe relative de *Vénus*, le passage de cet astre sur le disque
laire doit commencer ou finir *plus tôt* ou *plus tard* pour un
bservateur situé *à la surface de la Terre* que pour un autre
ui serait supposé situé à son centre.

Pour venir alors en aide à la méthode de *Halley*, il proposa,
n 1753, une méthode plus étendue, qui porte à juste titre son
om, et qui permet de faire servir à la détermination de la pa-
allaxe solaire les heures des contacts, *soit de l'entrée, soit de
a sortie*, observés dans deux lieux différents. Mais cette méthode
xige, comme nous allons le voir, que la longitude de chaque
tation soit connue avec la plus grande exactitude, ce que ne
emande pas la méthode de *Halley*.

Considérons les équations (42), page 55, et soient T'_i l'heure,
emps moyen d'un lieu, notée au moment du premier contact
xtérieur, par exemple, et G la longitude de ce lieu ; soient aussi
T''_i l'heure, temps moyen d'un second lieu, notée dans ce lieu au
moment du premier contact extérieur, et G' la longitude de ce
econd lieu. Si T_i représente l'heure, temps moyen de Paris, rela-
ive au premier contact, pour un observateur qui serait situé au
entre de la Terre, on aura, d'après les équations (42),

$$T'_i = T_i + G - g \cos \zeta,$$
$$T''_i = T_i + G' - g \cos \zeta'.$$

Nous déduisons de là

$$T'_i - T''_i = G - G' + g (\cos \zeta' - \cos \zeta),$$

d'où

$$g = \frac{(T'_i - G) - (T''_i - G')}{\cos \zeta' - \cos \zeta}.$$

Les valeurs de $\cos \zeta'$ et $\cos \zeta$, calculées au moyen de la for-

mule (40), sont toujours connues avec une exactitude suffisante,
puisque les erreurs que l'on peut commettre sur G ou G' ne
s'introduisent dans cette formule qu'avec des lignes trigonomé-
triques. Or nous avons aussi trouvé

$$g = \frac{\Pi - P}{n \cos \psi};$$

on aura donc

$$\Pi - P = \frac{n \cos \psi \left[(T'_1 - G) - (T''_1 - G') \right]}{\cos \zeta' - \cos \zeta}.$$

Cette équation permettra d'obtenir $\Pi - P$, différence des parallaxes de Vénus et du Soleil, et par suite la parallaxe solaire.
Avec la relation

$$\frac{P}{\Pi} = \frac{R - r}{R} = 1 - \frac{r}{R},$$

on obtiendra en effet

$$(47) \quad P = \left(\frac{R}{r} - 1 \right) \frac{n \cos \psi \left[(T'_1 - G) - (T''_1 - G') \right]}{\cos \zeta' - \cos \zeta}.$$

Si les longitudes G et G' sont *exactement* connues, et si les
heures T'_1 et T''_1 ont été notées avec *précision*, on aura la valeur
de P d'une manière suffisamment exacte. Si nous supposons une
erreur commise sur le facteur

$$\left[(T'_1 - G) - (T''_1 - G') \right] = \theta,$$

l'erreur qui en résultera sur P sera donnée par la relation

$$dP = \left(\frac{R}{r} - 1 \right) \frac{n \cos \psi}{\cos \zeta' - \cos \zeta} d\theta.$$

Cette erreur sera d'autant plus petite que le dénominateur
$\cos \zeta' - \cos \zeta$ sera grand.

Il faut donc *choisir les deux lieux* de manière que cette quantité soit *maximum*, ce qui arrivera quand $\cos \zeta'$ et $\cos \zeta$ seront

de signes contraires et auront leur valeur maximum. Il faudra donc choisir les deux lieux de telle sorte que l'effet de la parallaxe produise chez l'un une *accélération maximum* dans l'heure du contact, et chez l'autre, au contraire, *un retard maximum*.

Nous voyons que cette méthode exige la *connaissance exacte des longitudes* des deux lieux, ainsi que celle des *états absolus et des marches* des pendules ou chronomètres servant à noter l'instant précis des contacts.

Méthode des équations de condition. — Puisque, d'après la remarque de de l'Isle, l'effet de la parallaxe, ou plutôt de la différence des parallaxes de Vénus et du Soleil, se fait sentir dans les différents lieux de la surface de la Terre, par une *accélération* ou un *retard* dans les heures des contacts *d'entrée* ou de *sortie,* comparées à celles qui correspondent aux mêmes phénomènes *supposés vus du centre de la Terre,* on peut faire servir à la détermination de la parallaxe solaire toutes les heures notées dans les différents lieux du globe, soit au moment des *contacts d'entrée,* soit au moment des *contacts de sortie.* Cette méthode, extension de la méthode de de l'Isle, qui exige toujours l'exacte détermination des longitudes des stations d'observation, permet en outre de déterminer les erreurs des Tables relatives aux différences d'ascension droite des deux astres, aux différences de leur déclinaison et aussi de leur demi-diamètre.

Soient (*fig.* 13) :

P le pôle de la sphère céleste ;
S le centre apparent du Soleil ;
V celui de Vénus, au moment d'un contact.

Menons le parallèle VV' ; nous formons ainsi un petit triangle apparent SVV', que nous pouvons considérer comme rectiligne et qui donne

$$VV'^2 + SV'^2 = SV^2,$$

ou, en conservant les notations dont nous avons fait usage jusqu'ici,

$$(48) \qquad (\alpha' - A')^2 \cos^2 \delta_0 + (\delta' - D')^2 = (d' \pm d)^2,$$

δ_0 étant égal à $\dfrac{\delta' + D'}{2}$, $d' + d$ convenant aux contacts extérieurs et $d' - d$ aux contacts intérieurs.

Fig. 13.

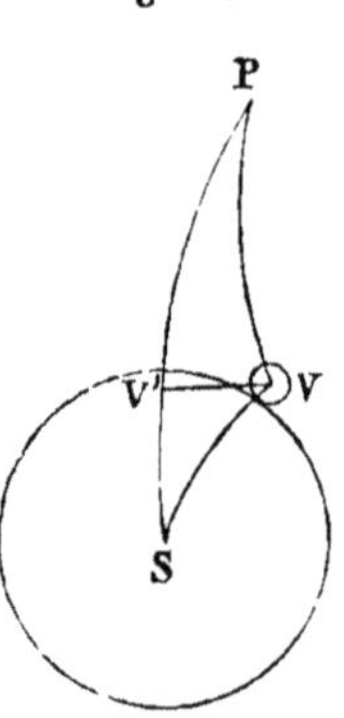

Comme les parallaxes d'ascension droite et de déclinaison sont de petites quantités, de plus, comme au moment des contacts les différences d'ascension droite et celles de déclinaison sont aussi très-petites, nous pouvons faire usage des formules (28) et (29), données précédemment, et y faire

$$D = \delta = \delta_0 = \frac{\delta + D}{2} \quad \text{et} \quad A = \alpha = \alpha_0 = \frac{\alpha + A}{2}.$$

Nous avons trouvé

$$\alpha' - \alpha = \Pi \sec \delta \sin (\alpha - h_s) \cos \varphi,$$
$$A' - A = P \sec D \sin (A - h_s) \cos \varphi;$$

on déduit de là, d'après ce que nous venons d'admettre,

$$\alpha' - A' = \alpha - A + (\Pi - P) \cos \varphi \sec \delta_0 \sin (\alpha_0 - h_s).$$

La formule (29) nous donne, de la même manière,

$$\delta' - D' = \delta - D + (\Pi - P)[\cos\varphi \sin\delta_0 \cos(\alpha_0 - h_s) - \sin\varphi \cos\delta_0].$$

Si nous posons

$$(49) \quad \begin{cases} \cos\varphi \sin(\alpha_0 - h_s) = h \sin\Pi, \\ \cos\varphi \cos(\alpha_0 - h_s) \sin\delta_0 - \sin\varphi \cos\delta_0 = h \cos\Pi, \end{cases}$$

équations qui permettent de trouver h et Π, quand on a déterminé α_0, δ_0, h_s et φ pour l'instant du contact considéré, on aura

$$\alpha' - A' = \alpha - A + (\Pi - P) h \sin\Pi \sec\delta_0,$$

$$\delta' - D' = \delta - D + (\Pi - P) h \cos\Pi.$$

En substituant ces valeurs, dans l'équation (48), nous aurons

$$(5o) \quad \begin{cases} [(\alpha - A) + (\Pi - P) h \sin\Pi \sec\delta_0]^2 \cos^2\delta_0 \\ \qquad + [(\delta - D) + (\Pi - P) h \cos\Pi]^2 = (d' \pm d)^2. \end{cases}$$

Les quantités α, A, δ, D, d', d sont affectées d'erreurs dues aux Tables dans lesquelles elles sont prises; de même Π et P sont affectées d'erreurs dues à l'ignorance dans laquelle on se trouve encore de la vraie valeur de P.

Si nous représentons toutes ces erreurs par les notations suivantes :

$$d\alpha,\ dA,\ d\delta,\ dD,\ d\Pi,\ dP,\ dd',\ dd,$$

et aussi par dG, l'erreur commise sur la longitude de la station, erreur qui en introduit de correspondantes dans la détermination de α, A, δ et D à l'aide des Tables, l'équation (5o), si l'on suppose que α, A, δ, D, ... sont les valeurs extraites des Tables, doit s'écrire, en ne supposant pas d'erreur sur sécδ_0 ni sur cosδ_0,

$$(51) \quad \begin{cases} \left[z - A + (H - P)h \sin H \sec\delta_0 + d(z - A) \right. \\ \left. + d(H - P)h \sin H \sec\delta_0 + \frac{d(z - A)}{dt} dG \right]^2 \cos^2\delta_0 \\ \left[\delta - D + (H - P)h \cos H + d(\delta - D) \right. \\ \left. + d(H - P)h \cos H + \frac{d(\delta - D)}{dt} dG \right]^2 \\ \left[(d' + dd') + (d + dd) \right]^2. \end{cases}$$

Si l'on effectue les carrés indiqués, mais qu'on néglige les termes du second ordre et le produit des erreurs entre elles, on aura, en posant, pour abréger,

$$(52) \quad \begin{cases} B' = z - A + (H - P)h \sin H \sec\delta_0, \\ C' = \delta - D + (H - P)h \cos H, \end{cases}$$

$$(53) \quad \begin{cases} B'^2 \cos^2\delta_0 + C'^2 = (d' \pm d)^2 \\ - 2B' \cos^2\delta_0 d(z - A) - 2(B'h \sin H \cos\delta_0 + C'h \cos H)d(H - P) \\ - 2C' d(\delta - D) - 2\left[B' \frac{d(z - A)}{dt} \cos^2\delta_0 + C' \frac{d(\delta - D)}{dt} \right] dG \\ + 2(d' \pm d)d(d' \pm d). \end{cases}$$

Nous pouvons remarquer que B' est la *différence* des ascensions droites *apparentes*, et que C' est la différence des déclinaisons *apparentes* : on a donc

$$B'^2 \cos^2\delta_0 + C'^2 = \Delta'^2,$$

Δ' étant la distance *apparente* des centres.

Le premier membre de l'équation (53) devient donc

$$\Delta'^2 - (d' \pm d)^2 = [\Delta' + (d' \pm d)][\Delta' - (d' \pm d)],$$

que l'on peut écrire

$$2\Delta'[\Delta' - (d' \pm d)],$$

puisque, d'après le peu de grandeur des termes du second membre, Δ' diffère très-peu de $(d' \pm d)$.

L'équation (53) devient donc, en divisant tous ses termes par 2,

$$\Delta'[\Delta' - (d' \pm d)] = -B'\cos^2\partial_0\,d(z - A) - C'\,d(\partial - D)$$
$$- (B'h\sin H \cos\partial_0 + C'h\cos H)\,d(H - P)$$
$$- \left[B'\frac{d(z - A)}{dt}\cos^2\partial_0 + C'\frac{d(\partial - D)}{dt}\right]dG$$
$$+ (d' \pm d)\,d(d' \pm d).$$

Si nous posons maintenant

$$(54) \quad \begin{cases} \Delta'\cos M = C', \\ \Delta'\sin M = B'\cos\partial_0, \end{cases}$$

équations qui satisfont bien à la relation

$$\Delta'^2 = B'^2\cos^2\partial_0 + C'^2,$$

et aussi

$$(55) \quad \begin{cases} n\cos N = \dfrac{1}{3600}\dfrac{d(\partial - D)}{dt}, \\[2ex] n\sin N = \dfrac{1}{3600}\dfrac{d(z - A)}{dt}\cos\partial_0, \end{cases}$$

équations déjà considérées, nous aurons

$$\Delta'[\Delta' - (d' \pm d)] = -\Delta'\sin M \cos\partial_0\,d(z - A) - \Delta'\cos M\,d(\partial - D)$$
$$- (\Delta'h\sin M \sin H + \Delta'h\cos M \cos H)\,d(H - P)$$
$$- (\Delta'\sin M\,n\sin N + \Delta'n\cos M \cos N)\,dG$$
$$+ (d' \pm d)\,d(d' \pm d).$$

Supprimant partout le facteur Δ' et son presque équivalent

$(d' \pm d)$, au dernier terme, et remplaçant, d'après ce que nous avons vu, page 60, $d(\Pi - P)$ par $\dfrac{(\Pi - P)\,dP_0}{P_0}$; nous obtenons, en divisant les deux membres par $n \cos(M - N)$,

$$
\frac{\Delta' - (d' \pm d)}{n \cos(M-N)} = - \frac{\sin M \cos \delta_0}{n \cos(M-N)} d(z - A) - \frac{\cos M}{n \cos(M-N)} d(\delta - D)
$$
$$
\frac{h \cos(M - H)}{n \cos(M - N)} \frac{(\Pi - P)}{P_0} dP_0
$$
$$
\frac{1}{n \cos(M - N)} d(d' \pm d) - dG.
$$

Si l'on connaît la longitude *très-exactement*, dG *sera nul*, et en posant

$$
(56) \quad
\begin{cases}
- \dfrac{\sin M \cos \delta_0}{n \cos(M - N)} = a, \\[2ex]
- \dfrac{\cos M}{n \cos(M - N)} = b, \\[2ex]
- \dfrac{(\Pi - P)}{P_0} \dfrac{h \cos(M - H)}{n \cos(M - N)} = c, \\[2ex]
\dfrac{1}{n \cos(M - N)} = f,
\end{cases}
$$

l'équation précédente deviendra

$$
(57) \quad \frac{\Delta' - (d' \pm d)}{n \cos(M - N)} = a\,d(z - A) + b\,d(\delta - D) + c\,dP_0 + f\,d(d' \pm d).
$$

Δ' est la distance apparente qui résulte des coordonnées équatoriales erronées et des valeurs supposées à P_0 et à $d' \pm d$. Si ces erreurs n'existaient pas, Δ' serait, au moment d'un contact, *identiquement égal* à $(d' \pm d)$; donc $(\Delta' - (d' \pm d))$ est la distance qui sépare la position apparente de Vénus, calculée de la manière indiquée ci-dessus, de celle qui correspond au contact, autrement dit, le Δ' qui, par le calcul que nous avons donné, résulte de l'heure notée du contact, devrait être égal à $(d' \pm d)$, et comme $n \cos(\mathrm{M} - \mathrm{N})$ est, page 52, sensiblement égal à $\dfrac{d\Delta}{dt}$, puisque M diffère peu du même angle considéré du centre de la Terre,

$$\frac{\Delta' - (d' \pm d)}{n \cos(\mathrm{M} - \mathrm{N})} = \frac{\Delta' - (d' \pm d)}{\dfrac{d\Delta}{dt}}$$ représente par le fait le temps

que met Vénus à parcourir $\Delta' - (d' \pm d)$, c'est-à-dire à passer de la position observée à la position calculée ; donc $\dfrac{\Delta' - (d' \pm d)}{n \cos(\mathrm{M} - \mathrm{N})}$, que nous pourrons représenter par $(\mathrm{C} - \mathrm{O})$, est la différence entre l'heure du contact *calculée* et l'heure *observée*. L'équation (57) devient donc

$$(58) \qquad (\mathrm{C} - \mathrm{O}) = a\, d(\alpha - \mathrm{A}) + b\, d(\delta - \mathrm{D}) + c\, d\mathrm{P}_0 - f\, d(d' \pm d).$$

Telle est l'équation de condition que l'on pourra déduire de l'observation du contact.

Supposons donc que, dans un lieu dont la longitude *bien connue* est G et la latitude φ, on ait observé le premier contact intérieur, par exemple, à l'heure T'_2.

L'heure de Paris correspondante sera $(\mathrm{T}'_2 \pm \mathrm{G})$ et l'heure sidérale de Paris sera trouvée égale à h_s.

Pour l'heure $(\mathrm{T}'_2 \pm \mathrm{G})$, temps moyen de Paris, on calcule

$$\alpha, \quad \mathrm{A}, \quad \delta \quad \text{et} \quad \mathrm{D}$$

et l'on en déduit

$$\alpha_0, \quad \delta_0, \quad (\alpha - \mathrm{A}), \quad (\delta - \mathrm{D}) \quad \text{et} \quad (\alpha_0 - h_s) ;$$

à l'aide des formules (49),

$$\cos\varphi \sin(\alpha_0 - h_s) = h \sin \mathrm{H},$$
$$\cos\varphi \cos(\alpha_0 - h_s) \sin\delta_0 - \sin\varphi \cos\delta_0 = h \cos \mathrm{H},$$

on calcule H et $\log h$; puis, au moyen de la valeur $(\Pi - P)$ adoptée, on calcule

$$(\Pi - P)\, h \sin \Pi, \quad (\Pi - P)\, h \cos \Pi \quad \text{et} \quad (\Pi - P)\, h \sin \Pi \, \sec \delta_0.$$

Les formules (52)

$$B' = \alpha - A + (\Pi - P)\, h \sin \Pi \, \sec \delta_0,$$
$$C' = \delta - D + (\Pi - P)\, h \cos \Pi$$

font alors connaître B' et C'.

Les formules (54)

$$\Delta' \cos M = C',$$
$$\Delta' \sin M = B' \cos \delta_0$$

donnent ensuite

$$M \quad \text{et} \quad \log \Delta',$$

et des formules (55)

$$n \cos N = \frac{1}{3600^{s}} \frac{d(\delta - D)}{dt},$$
$$n \sin N = \frac{1}{3600^{s}} \frac{d(\alpha - A)}{dt} \cos \delta_0,$$

dans lesquelles $\dfrac{d(\delta - D)}{dt}$ et $\dfrac{d(\alpha - A)}{dt}$ sont déjà connus ou déduits des éphémérides, on obtient

$$N \quad \text{et} \quad \log n.$$

On peut alors calculer $(C - O) = \dfrac{\Delta' - (d' \pm d)}{n \cos(M - N)}$ et les coefficients a, b, c et f au moyen des équations (56).

Chaque contact, dans chaque lieu, fournira ainsi une *équation de condition*. Il n'en faudrait à la rigueur que quatre pour déterminer les inconnues et particulièrement dP_0; mais, si l'on a pu obtenir de cette manière un grand nombre d'équations de condition, on pourra, en appliquant judicieusement, soit la méthode de Cauchy, soit la méthode des moindres carrés, trouver la valeur la plus probable des inconnues et, par suite, de dP_0, ce qui permettra de connaitre, avec une limite d'erreur que fournira la méthode, la valeur la plus probable de la parallaxe solaire.

Nous voyons que cette méthode exige la connaissance *exacte de la longitude de la station*; mais nous pouvons remarquer que l'exactitude avec laquelle on peut obtenir les coefficients $(C — O)$, a, b, c et f montre que les observations du passage, soit relativement à l'entrée, soit relativement à la sortie, faites avec la précision que nous avons indiquée, fourniront les éléments nécessaires pour obtenir la parallaxe solaire avec l'approximation que l'on désire. La méthode que nous venons de donner, n'étant en réalité qu'une extension de la méthode de de l'Isle, fournira les équations de condition les plus convenables pour la détermination de la parallaxe solaire, quand elles seront évidemment déduites d'observations faites dans les lieux où l'effet de la parallaxe sera suffisamment grand.

V. — Choix des stations. Application au passage de 1874.

Le passage de Vénus, en 1769, n'ayant pas donné, ainsi que nous le verrons plus loin, les résultats qu'on en attendait, il y a lieu de se préoccuper du choix des stations pour le passage de 1874, attendu depuis plus de *cent ans*.

Nous venons de voir qu'il existe, par le fait, *deux méthodes* pour déduire la *parallaxe solaire* de l'observation des heures d'*entrée* et de *sortie* du disque de Vénus sur le disque du Soleil, considérées, soit relativement aux contacts *extérieurs*, soit relativement aux contacts *intérieurs*.

La *première* méthode, qui est celle de Halley, repose sur la différence *des durées* du passage observées dans deux stations qui, d'après ce que nous avons vu, doivent être choisies de manière que cette différence soit *maximum*. La *seconde*. qui est celle de *de l'Isle*, repose simplement sur la différence des heures des contacts apparents, ramenées en temps moyen du premier méridien, déterminées dans deux lieux ; et nous avons vu que ces stations doivent être choisies de manière que ces différences soient *maximum,* ou du moins qu'elles aient une valeur suffisamment grande, c'est-à-dire que l'effet de la parallaxe se fasse suffisamment sentir ; ce qui est aussi, pour la *méthode des équations de condition,* la condition qu'il faut tâcher de remplir.

Maintenant, au point de vue de l'exactitude de l'observation et pour s'affranchir des influences de la réfraction et des ondulations des images, il faut, en outre, que les stations soient choisies de manière que le Soleil ait une certaine élévation au-dessus de l'horizon.

Pour discuter le choix des stations, il semblerait évidemment nécessaire d'appliquer les formules (42) ou (43) à un très-grand nombre de points du globe, pris dans les deux hémisphères, et de comparer les résultats ainsi obtenus au point de vue des conditions à remplir ; mais une construction graphique peut faciliter le travail et abréger considérablement la recherche des stations convenables.

Voici d'abord une méthode approchée. Supposons que sur un globe nous déterminions le lieu qui a le Soleil *au zénith* au moment où, *pour un observateur situé au centre de la Terre, Vénus* est, par exemple, au premier contact *intérieur.*

Il suffira pour cela de déterminer, pour cet instant donné par les calculs que nous avons faits, la déclinaison du Soleil et son angle horaire relatif au méridien de Paris. Avec ces deux coordonnées, considérées comme latitude et longitude du point, on aura, en S (*fig.* 14) la position de ce point qui verra la phase, identiquement comme s'il était l'observateur au centre de la Terre.

Menons par ce point S un grand cercle, faisant avec le cercle méridien RS un angle ASP égal à *l'angle de position* trouvé, relativement au centre de la Terre, pour *ce contact intérieur.* Si, à partir de ce point S, on prend sur le cercle SABA' un arc SAN, égal à $90 + d'$ (d' étant le demi-diamètre du Soleil),

t un arc SN' = 90° — d', les points N et N' seront les points
qui verront, l'un le phénomène le plus *accéléré*, et l'autre

Fig. 14.

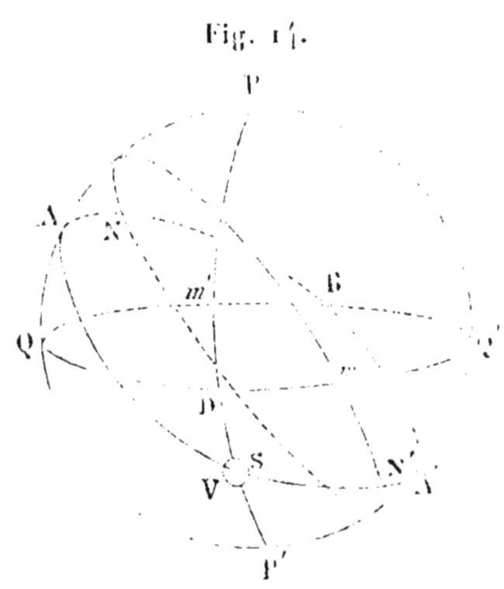

le plus *retardé*, puisque la différence des parallaxes (II — P)
produira pour le point *n* tout son effet *vers le centre du Soleil*,
c'est-à-dire que Vénus se trouvera avancée de II — P sur le
Soleil, et que, pour l'autre point N', elle produira tout son effet
en sens contraire, c'est-à-dire que Vénus se trouvera en dehors
du Soleil de la quantité (II — P).

En prenant sur l'arc SAN l'arc SV = d', V sera la projection
perspective du point de contact, le pôle du grand cercle
N*m*N'*m'* passant par les deux points N et N'.

D'après ce que nous avons vu, le mouvement *n* de Vénus pro-
jeté sur le cercle passant par le centre du Soleil et le point de
contact, relativement au centre de la Terre, est *n* cos ψ ; donc le
temps, *avance du contact* pour le point N, sera

$$\frac{\text{II} - \text{P}}{n\cos\psi},$$

qui est, à très-peu près, ce que nous avons désigné par *g*.

Donc les points N et N′ sont ceux dont les coordonnées sont

$$\text{pour le point N.......} \begin{cases} \beta \text{ latitude,} \\ \Lambda \text{ longitude,} \end{cases}$$

$$\text{et pour le point N′...} \begin{cases} -\beta \text{ latitude,} \\ 180 - \Lambda \text{ longitude.} \end{cases}$$

Or les arcs β et Λ sont donnés, pour *chaque contact*, par les calculs effectués pour le centre de la Terre.

Pour tous les autres points de la Terre, l'effet de la parallaxe est donné par l'expression

$$g \cos \zeta,$$

ζ étant la distance de ces points au point N pour *l'accélération* et au point N′ pour le *retard*.

Il est facile, une fois les points N et N′ marqués sur le globe de trouver, pour les différents lieux de la Terre, quelle est, relativement aux instants des contacts, l'influence de la parallaxe, influence donnée, d'après les formules ci-dessus, par le facteur $\cos \zeta$ que l'on nomme, pour cette raison, le *facteur de la parallaxe*.

En décrivant du point N comme pôle des arcs de cercle, égaux à différentes valeurs de ζ, on aura, dans chaque petit cercle tous les points du globe ayant le même *facteur de la parallaxe* et, en prenant les distances des points de ce petit cercle au Soleil on aura *le complément des hauteurs* de cet astre correspondant aux instants des contacts.

On peut même dresser des cartes qui permettent de trouver quels doivent être, pour un lieu quelconque, *le facteur de la parallaxe et l'élévation du Soleil*.

Il suffit de prendre le point N (*fig.* 15) comme centre d'un grand cercle représentant en projection *orthogonale* un hémisphère de la Terre, dont ce point N serait le pôle ; et il n'est même nécessaire que de prendre la moitié de ce cercle, puisque, pour la *moitié* de cet hémisphère dont ce point N est le pôle, le *Soleil est couché* au moment du contact.

Une fois les continents et les îles marqués sur cette carte, on décrira des arcs concentriques du point N comme centre et l'on

Fig. 15.

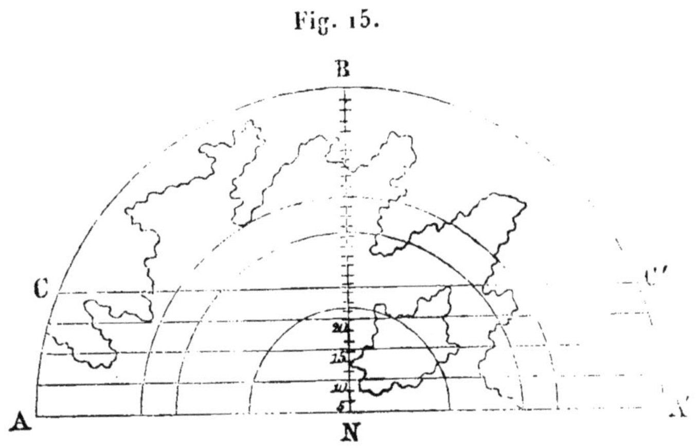

indiquera sur ces arcs, *qui seront les projections orthographiques des petits cercles du globe* ayant le même *facteur de la parallaxe,* la valeur de ce facteur. Les lignes menées parallèlement au diamètre où se trouve le point N représenteront les lieux ayant *la même distance zénithale* par rapport au Soleil, c'est-à-dire où celui-ci a la même élévation. En numérotant le rayon NB de 5 en 5 degrés aux points qui correspondent aux degrés correspondants de l'arc ACB, on pourra facilement déterminer, pour un point situé sur la carte, quels seront, pour ce point, l'élévation du Soleil au moment de la phase (à la rigueur celle relative au centre de la Terre) et *le facteur de la parallaxe.* Nous donnerons plus loin une méthode plus rigoureuse relativement à la détermination des points N et N'.

C'est d'après les méthodes précédentes qu'ont pu être dressés les tableaux suivants, qui mettent bien en évidence, pour le passage de 1874 et relativement aux contacts *intérieurs,* la *valeur des stations,* soit au point de vue de la méthode de HALLEY, soit au point de vue de la méthode de *de l'Isle.*

I. — *Tableau des lieux voyant l'entrée et la s*

LIEUX.	LATITUDE.	LONGITUDE.	TEMPS MOYEN DU L...	
			Premier contact intérieur.	
				h
Port Imperatovski........	49. 5′ N	137.57′ E	8 décembre.	23.
Nertschinsk-Mines........	51.18	117.15	8 »	23.
Tschita................	52. o	110.57	8 »	21.
Irkutsk................	52.18	101.52	8 »	21.
Troïtskosovsk..........	50.24	104. 4	8 »	21.
Hakodadi..............	41.51	138.26	8 »	23.
Près du lac Kinka.......	45. o	130.33	8 »	23.
Urga (Chine)..........	47.54	104.21	8 »	21.
Port Possiet..........	42.42	128.15	8 »	22.
Yokohama.............	35.27	137.20	8 »	23.
Pékin	39.54	114. 3	8 »	21.
Tien-tsin	39.10	114.53	8 »	22.
Nagasaki.............	32.45	127.31	8 »	22.
Shanghaï	31.14	119.10	8 »	22.
Bombay	18.57	70.30	8 »	19.
Madras..............	13. 4	77.53	8 »	19.
Trevandrum	8.31 N	74.39	8 »	19.
Nouméa	22.16 S	164. 6	9 »	1.
Sydney..............	33.51	148.54	9 »	0.
Auckland (N.-Z.)........	36.52	172.21	9 »	1.
Ile Rodriguez..........	19.48	60.49	8 »	18.
Melbourne............	37.50	142.38	8 »	23.
Saint-Denis (la Réunion).	20.51	53. 6	8 »	18.
Auckland............	50.33	163.54	9 »	1.
Ile Amsterdam	37.47	75.11	8 »	19.
Ile Saint-Paul..........	38.32	75. 9	8 »	19.
Ile Kerguelen	48.41 S	66.41 E	8 »	19.

d'une manière convenable, relatives aux contacts internes.

HAUTEUR du centre du Soleil.	TEMPS MOYEN DU LIEU. — Deuxième contact intérieur.	HAUTEUR du centre du Soleil.	INTERVALLE écoulé entre les deux contacts.
°	h m	° '	h m
18	9 décembre. 3.26,6	4	3.57,4
12	9 » 9. 5,3	10	3.57,4
10	9 » 1.40,5	11	3.57,0
7	9 » 1. 4,6	13	3.56,7
9	9 » 1.13,4	15	3.56,4
25	9 » 3.27,5	8	3.56,4
21	9 » 9.57,0	10	3.56,4
11	9 » 1.14,4	17	3.55,9
23	9 » 9.47,7	13	3.55,9
31	9 » 3.22,4	13	3.54,7
22	9 » 1.51,5	21	3.54,6
23	9 » 1.54,7	22	3.54,5
32	9 » 2.43,6	21	3.53,7
31	9 » 2.10,5	26	3.52,8
10	8 » 22.57,2	46	3.46,5
19	8 » 23.25,5	54	3.45,1
18	8 » 23.12,0	57	3.43,4
70	9 » 4.57,4	20	3.39,0
77	9 » 3.55,9	36	3.34,7
61	9 » 5.27,5	18	3.34,2
18	8 » 22.11,6	67	3.33,3
75	9 » 3.30,7	41	3.33,2
11	8 » 21.40,5	59	3.32,3
57	9 » 4.52,6	27	3.29,8
34	8 » 23. 4,9	72	3.29,1
34	8 » 23. 4,5	71	3.28,8
98	8 » 22.28,7	59	3.25,7

Nous voyons, d'après le tableau I, qu'un assez grand nombre de stations s'offrent convenablement, en 1874, pour déterminer la parallaxe du Soleil par la méthode de HALLEY et que l'on pourra faire un très-grand nombre de combinaisons.

Ainsi la durée du passage, relativement aux contacts internes, varie entre $3^h 25^m,7$, et $3^h 57^m,4$; il y a donc une différence de durée égale à $31^m,7$, entre celles du passage à l'île de Kerguelen, située par $48°41'$ de latitude sud et le port Imperatovski situé par $49°5'$ nord. Dans ce dernier port, le passage commencera à $11^h 29^m,2$ du matin et finira à $3^h 26^m,6$ du soir. A l'île de Kerguelen, le passage commencera à $7^h 3^m$ du matin et finira à $10^h 28^m,7$. On voit aussi que, sauf le moment du deuxième contact au port Imperatovski, le Soleil aura une hauteur excellente au moment des différents contacts. Le tableau I fait voir que la Chine et le Japon offrent d'excellentes stations, et que les observations qui y seront faites pourront se combiner avantageusement avec celles obtenues dans les îles indiquées au bas de la Table.

En ce qui concerne le passage complet, le Bureau des Longitudes de France a proposé, ainsi que nous le verrons, d'envoyer des observateurs à *Yokohama* et aux *îles Amsterdam et Saint-Paul*. Ces points nous paraissent parfaitement choisis, puisque les astronomes russes se chargeront, sans aucun doute, des stations qui sont portées en tête de notre tableau. En considérant les stations de Yokohama et de l'île Saint-Paul, dont la différence des durées est de $25^m,9$, nous voyons que, si la différence des heures de durées peut être obtenue en ces points à 10 secondes près, on aura la parallaxe solaire à moins d'un demi-dixième de seconde.

II. — *Tableau des lieux pour lesquels l'effet de la parallaxe est d'accélérer l'entrée.*

LIEUX.	T. M. du lieu du 1ᵉʳ contact interne.	T. M. de Paris du 1ᵉʳ contact interne.	AVANCE.	HAUTEUR du Soleil.
	h m	h m	m	o
Woahoo Lat... 21° 30′ N Long. 165° 20′ O	8 déc. 3.32,3	14.13,6	11,2	21
Honolulu Lat.. 21° 18′,24 N Long.. 16.° 10′ O	8 » 3.33,0	14.13,6	11,2	21
Noukahiva Lat .. 8° 55′ S Long. 142° 27′ O	8 » 4.47,2	14.16,9	7,9	19
Nicolajevsk Lat... 53° 6′ N Long. 138° 24′ E	8 » 23.31,0	14.17,1	7,7	14
Hakodadi	8 » 23.31,4	14.17,3	7,5	25
Port Imperatovski.	8 » 23.29,2	14.17,3	7,5	18
Yokohama	8 » 23.27,7	14.18,3	6,5	31
Près du lac Kinka.	8 » 23. 0,6	14.18,3	6,5	21
T... : Lat... 17° 29′ S Long. 151° 49′ O	8 » 4.11,2	14.18,4	6,4	30
Port Possiet	8 » 22.51,8	14.18,7	6,1	23
Nertschinck-Mines.	8 » 22. 8,2	14.19,1	5,7	12
Tschita	8 » 21.43,5	14.19,6	5,2	10
Nagasaki	8 » 22.49,9	14.19,7	5,1	32
Irkutsk	8 » 21. 7,9	14.20,4	4,4	7
Troïtkosovsk	8 » 21.16,7	14.20,4	4,4	9
Pékin	8 » 21.56,9	14.20,6	4,2	22
Tien-tsin	8 » 22. 0,2	14.20,6	4,2	23
Urga	8 » 21.18,2	14.20,7	4,1	11
Shanghaï	8 » 22.17,7	14.21,0	3,8	31
Nouméa	9 » 1.18,4	14.22,1	2,7	70

Ce tableau montre que Woahoo, Honolulu et Noukahiva sont de *bonnes stations* pour observer les *entrées accélérées.*

III. — *Tableau des lieux pour lesquels l'effet de la parallaxe est de* retarder *l'entrée.*

LIEUX.	T. M. du lieu du 1er contact interne.	T. M. de Paris du 1er contact interne.	RETARD.	HAUTEUR du Soleil.
	h m	h m	m	°
Ile Kerguelen.....	8 déc. 19. 3,0	14.36,2	11,4	28
St-Denis (Réunion).	8 » 18. 8,2	14.35,7	10,9	11
Ile Rodriguez.....	8 » 18.38,3	14.35,0	10,2	18
Ile Saint-Paul	8 » 19.35,7	14.35,0	10,2	34
Ile Amsterdam....	8 » 19.35,8	14.35,0	10,2	34
Trevandrum......	8 » 19.28,6	14.29,9	5,1	18
Madras..........	8 » 19.40,4	14.28,8	4,0	19
Bombay..........	8 » 19.40,7	14.28,6	3,8	10
Ile Auckland......	9 » 1.22,8	14.27,1	2,3	57
Melbourne........	8 » 23.57,5	14.26,9	2,1	75
Sydney..........	9 » 0.24,2	14.25,6	0,8	77

Nous voyons, par ce tableau, que l'île de Kerguelen, Saint-Denis à l'île de la Réunion, l'île Rodriguez et les îles Amsterdam et Saint-Paul seront des stations excellentes pour observer *l'entrée retardée* par la parallaxe. Ainsi, relativement à la méthode de de l'Isle, l'île de Kerguelen dans l'hémisphère sud, et Woahoo dans l'hémisphère nord seront des stations excellentes. On pourrait, du reste, combiner Woahoo, Honolulu et Noukahiva avec l'île Kerguelen, l'île Saint-Denis et l'île Rodriguez et les îles Amsterdam et Saint-Paul ; on aura quinze déterminations qui pourront donner d'excellents résultats, puisque la différence $\theta' - \theta$ sera, au minimum, égale à 18^m,1.

IV. — *Tableau des lieux pour lesquels l'effet de la parallaxe est d'accélérer la sortie.*

LIEUX.	T. M. du lieu du 2ᵉ contact interne.		T. M. de Paris du 2ᵉ contact interne.	AVANCE.	HAU-TEUR du Soleil
		h m	h m	m	°
Ile Auckland	9 déc.	4.52,6	17.56,9	9,8	27
Auckland (N.-Z.) . . .	9 »	5.27,5	17.58,1	8,7	18
Melbourne	9 »	3.30,7	18. 0.1	6,7	41
Sydney.	9 »	3.55,9	18. 0.3	6,4	36
Nouméa.	9 »	4.57,4	18. 1.1	5,6	29
Ile Kerguelen.	8 »	22.28,7	18. 1.9	4,8	50
Ile Saint-Paul	8 »	23. 4.5	18. 3.8	2,9	71
Ile Amsterdam. . . .	8 »	23. 4.9	18. 4.2	2,5	72
Cap de Bonne-Esp. Lat... 33°56′ S Long. 16°08′ E	8 »	19. 8.6	18. 4.0	2,7	58

Ce tableau indique que les îles Auckland, et Auckland de la Nouvelle-Zélande sont d'excellentes stations pour les sorties *hâtives*.

Melbourne, Sydney, Nouméa et l'île de Kerguelen seront aussi des stations suffisamment bonnes au point de vue de l'accélération de la sortie ; elles seront toutes les six excellentes au point de vue de la hauteur du Soleil, qui au moment du contact ne sera, en aucun de ces points, inférieure à 18 degrés.

V. — *Tableau des lieux pour lesquels la parallaxe retarde la sortie.*

LIEUX.	T. M. du lieu du 2° contact interne.	T. M. de Paris du 2° contact interne.	RETARD.	HAUTEUR du Soleil.
	h m	h m	m	°
Kasan............. Lat... 55° 48′ N Long. 46° 46′ E	8 déc. 21.25,5	18.18,5	11,8	5
Orenbourg .... Lat... 51° 48′ N Long 52° 46′ E	8 » 21.49,5	18.18,4	11,7	11
Ormsk........... Lat... 55° 0′ N Long. 71° 10′ E	8 » 23. 3,0	18.18,3	11,5	11
Astrakan .... Lat... 46° 18′ N Long. 45° 46′ E	8 » 21.20,9	18.18,2	11,5	13
Erivan .... Lat... 40° 12′ N Long. 42° 10′ E	8 » 21. 6,5	18.17,8	11,1	16
Tiflis............. Lat .. 41° 42′ N Long. 42° 28′ E	8 » 21. 7,8	18.17,9	11,2	15
Près du lac Gouleka Lat... 40° 12′ N Long. 42° 52′ E	8 » 21. 9,3	18.17.8	11,1	16
Krasnovodsk...... Lat... 40° 0′ N Long. 50° 34′ E	8 » 21.40,1	18.17,8	11,1	20
Tasckent .... Lat... 41° 18′ N Long. 66° 58′ E	8 » 22.45,6	18.17,7	11,0	24
Vernoie... ...... Lat... 43° 18′ N Long. 74° 34′ E	8 » 23.15,9	18.17,6	10,8	23
Irkutsk...........	9 » 1. 4,6	18.17,1	10,4	13
Troïtskosovsk.....	9 » 1.13,1	18.16,8	10,1	15

V. — *Tableau des lieux pour lesquels la parallaxe retarde la sortie.* (Suite.)

LIEUX.	T. M. du lieu du 2ᵉ contact interne.			T. M. de Paris du 2ᵉ contact interne.	RETARD.	HAUTEUR du Soleil.
			h m	h m	m	o
Alexandrie......... Lat... 31° 9′ N Long. 27° 34′ E	8	»	20. 7,0	18.16.7	10,0	14
Suez............. Lat... 29° 58′ N Long. 30° 11′ E	8	»	20.17,4	18.16,6	9,9	16
Urga.............	9	»	1.14,1	18.16,6	9,9	17
Tschita..........	9	»	1.40,5	18.16,6	9,9	11
Nertschinsk-Mines.	9	»	2. 5,3	18.16,2	9,5	10
Muscat.......... Lat... 23° 37′ N Long. 56° 15′ E	8	»	22. 1,1	18.16,0	9,3	36
Bombay.......... Lat... 18° 57′ N Long. 70° 31′ E	8	»	22.57,2	18.15,1	8,4	46
Pékin...........	9	»	1.51,5	18.15,2	8,5	21
Tien-tsin........	9	»	1.54,7	18.15,1	8,4	22
Près du lac Kinka.	9	»	2.57,0	18.14,7	8,0	10
Port Imperatovski.	9	»	3.26,6	18.14,7	8,0	4
Port Possiet......	9	»	2.47,7	18.14,6	7,9	13
Madras.........	8	»	23.25,5	18.13,9	7,2	54
Hakodadi.........	9	»	3.27,5	18.13,8	7,1	8
Shanghaï.........	9	»	2.10,5	18.13,8	7,1	26
Trevandrum......	8	»	23.12,0	18.13,3	6,6	57
Yokohama........	9	»	3.22,4	18.13,0	6,3	13

Ce tableau montre que les stations sont très-nombreuses pour observer la sortie retardée. En résumé, les *îles Amsterdam et Saint-Paul et Yokohama* sont de bonnes stations pour les deux méthodes de HALLEY et de *de l'Isle*; Noukahiva est une bonne station pour les *entrées accélérées, Nouméa* pour les *sorties accélérées*, et *Suez* pour les *sorties retardées*.

D'après les tableaux IV et V, on voit que l'on pourrait, au point de vue de la méthode de de l'Isle, combiner les stations des îles Auckland, et de Auckland (Nouvelle-Zélande), Sydney, Nouméa, et même l'île de Kerguelen, avec la plus grande partie des stations du tableau V, si les longitudes de tous ces points étaient exactement déterminées.

Dans le Rapport (¹) fait au Bureau des Longitudes, par la Commission chargée d'examiner les questions relatives au choix des stations pour le passage de Vénus, en 1874, M. *Puiseux*, bien qu'en ne considérant que les contacts du *centre de Vénus* avec les bords du Soleil, est arrivé à des conclusions complétement d'accord avec celles que nous venons d'indiquer et qui résultent de l'examen des différents tableaux donnés ci-dessus. M. *Puiseux* a bien fait ressortir que la méthode de HALLEY pourra être appliquée avantageusement en 1874. Nous avons vu, en effet, qu'en laissant de côté la *Sibérie*, c'est-à-dire les *cinq* ou *six* premières stations du tableau I, stations qui, au mois de décembre, ne seront guère accessibles qu'aux astronomes russes, on peut indiquer, comme stations convenables, *Yeddo* ou le port de *Yokohama*, qui en est voisin, Pékin, Tien-tsin et Shanghaï.

Le savant académicien fait remarquer que Shanghaï est la station où l'on se rendrait le plus facilement, mais que le climat paraît y être assez défavorable dans la saison pendant laquelle le passage doit avoir lieu.

« Yokohama, dit-il, offre à peu près les mêmes facilités d'accès et d'installation; les circonstances atmosphériques semblent

---

(¹) *Connaissance des Temps* de 1869.

(93)

être meilleures ; de plus, c'est un des points fondamentaux
ont la longitude doit être prochainement déterminée par les offi-
iers de la marine militaire (¹), sur la demande du Bureau. Ainsi.
uand même l'état du ciel ne laisserait voir que le commence-
ent ou la fin du passage, l'observation pourrait encore être
tilisée par l'application de la méthode de *de l'Isle*. »

Tout en recommandant au Bureau des Longitudes la station
le *Yokohama*, M. *Puiseux* exprime le désir que le phénomène
oit observé à *Pékin* ou à *Tien-tsin*, parce que, dit-il, le Soleil
oit être à ces stations, au moment de la sortie, *plus élevé qu'au
apon*.

Le rapporteur de la Commission indique bien que, dans les ré-
zions australes, *où se verront les passages de courte durée*, l'île
le Kerguelen est un des points les mieux situés ; mais il fait remarquer que les Anglais ont l'intention de s'y établir.

Il écarte les *îles Crozet* comme ayant le Soleil un peu bas
au commencement du passage, et les *îles Macdonald* comme
étant encore peu connues. Aussi, en attendant de plus amples
renseignements sur ces îles, M. *Puiseux* appelle l'attention du
Bureau des Longitudes sur les îles Amsterdam et Saint-Paul. qui
(pensait-il alors) ont une durée *moindre* de 2 minutes que celle
de l'île de Kerguelen (²), mais qui offrent, ajoute-t-il, plus de
ressources que ces dernières, principalement par leur position
sur la route des navires de l'État, qui font, tous les *six mois*, le
trajet de la Réunion à la Nouvelle-Calédonie.

Ainsi que nous l'avons déjà dit, à la suite de notre tableau I,
M. *Puiseux* a fait remarquer que, au point de vue de la méthode
de HALLEY, la combinaison des *durées* observées à Yokohama et

----

(¹) La longitude de Yokohama a été déterminée très-exactement
en 1870 par M. Fleuriais, lieutenant de vaisseau.

(²) D'après notre tableau I, nous voyons que la durée du passage
intérieur est au contraire plus grande de 3 minutes aux îles Amsterdam et Saint-Paul qu'à l'île de Kerguelen.

aux îles Amsterdam et Saint-Paul fournira, si les circonstances atmosphériques s'y prêtent, d'excellents éléments pour la détermination de la *parallaxe solaire*.

Il recommande la détermination exacte de la longitude de l'île Saint-Paul pour utiliser l'observation de ce lieu au cas où l'on serait obligé de renoncer à la méthode de HALLEY. Nous pouvons du reste, faire remarquer que ce point, d'après notre tableau III est un point excellent relativement aux entrées *retardées*.

En ce qui concerne principalement la méthode de HALLEY, la Commission, par l'organe de son rapporteur, a proposé au Bureau des Longitudes, comme *stations françaises,* pour observer le passage de Vénus, en 1874, les îles Amsterdam et Saint-Paul et Yokohama.

Relativement à la méthode de de l'Isle, le rapporteur indique que, au point de vue de la différence des *heures d'entrée,* la combinaison la plus avantageuse est celle des *îles Sandwich* et de *l'île de Kerguelen* (c'est ce que nous avons déduit de nos tableaux II et III). Comme les Anglais doivent occuper ces deux points, la Commission propose d'adopter avec l'île Saint-Paul déjà choisie, l'établissement français de Noukahiva, dans les îles Marquises. La présence d'un poste français en ce lieu, et les missionnaires et les sœurs de charité qui s'y trouvent, y rendraient l'installation facile. Taïti et l'île Saint-Paul, dit le savant rapporteur, seraient encore des combinaisons convenables.

Relativement aux stations propres à la différence des *heures de sortie,* la Commission, en laissant de côté *Tobolsk,* où le Soleil est trop bas, et la terre *Victoria,* qui n'est pas d'un accès facile, propose d'adopter *Suez* ou *Mascate,* dont on combinerait les observations avec celles faites à la *Nouvelle-Zélande* par les astronomes *anglais.* Elle indique pourtant Nouméa, de la Nouvelle-Calédonie, comme étant une station suffisamment convenable.

Le Bureau des Longitudes a aussi publié une carte pour le passage de Vénus sur le Soleil en 1874. Cette carte (mappemonde), qui se trouve dans les *Additions à la Connaissance des*

Temps de 1871, contient des parties coloriées qui indiquent les lieux du globe où le phénomène se verra en *totalité, en partie,* ou ne se verra *pas du tout.*

Pour les parties de la carte non coloriées, le Soleil reste sur l'horizon *pendant tout le passage;* cela comprend les terres d'Enderby et d'Adélie, la Nouvelle-Hollande, la Nouvelle-Zélande, une partie de la mer du Nord et de la mer des Indes, une grande partie de l'Inde, de la Chine et du Japon.

La partie *rouge* comprend les points où le Soleil, sur l'horizon au commencement et à la fin du passage, *se couche* dans l'intervalle. Ces points n'occupent qu'un très-petit espace près de la terre de la Trinité, par 64 degrés de latitude sud.

La partie *jaune,* qui comprend une grande partie de l'océan Pacifique, les îles de la Société, les îles Marquises, les îles Sandwich, les îles Aléoutiennes et le Kamtschatka, renferme les lieux pour lesquels le Soleil est *sur* l'horizon à *l'entrée* de Vénus, et *couché à la sortie.*

La partie *verte* de la carte, qui comprend la partie ouest de l'Asie, la mer Caspienne, la mer Noire, une partie de la Méditerranée, la mer Rouge, une grande partie de l'Afrique, le détroit de Mozambique et Madagascar, renferme les lieux pour lesquels le Soleil *est sur* l'horizon *à la sortie,* et *couché* à *l'entrée.*

Enfin la partie *bleue,* qui contient presque toute *l'Europe,* une partie de l'Afrique, les deux Amériques et toutes les régions de la zone glaciale *nord,* renferme les lieux qui ont le Soleil sous l'horizon *pendant tout le passage.*

Comme, au point de vue des frais que les gouvernements vont faire pour assurer le résultat auquel les astronomes désirent atteindre, le *choix* des stations est une question des plus importantes, nous pensons intéresser le lecteur en mettant sous ses yeux un extrait de ce qui a été publié, en Angleterre, *sur le passage de Vénus* en 1874. Cette revue rétrospective aura aussi pour effet de montrer que c'est grâce à la perfection à laquelle les Tables du Soleil et de Vénus ont été amenées par M. Le Verrier que ce choix des stations peut se faire aujourd'hui d'une manière précise. La France tient donc encore un rang très-honorable dans les questions astronomiques.

En 1857 et en 1864, M. Airy, astronome royal d'Angleterre, a appelé l'attention de la Société Royale de Londres sur le passage de Vénus sur le Soleil en 1874 et 1882.

Il avait cru devoir faire remarquer que, pour la détermination de la différence $(\mathrm{H} - \mathrm{P})$ des parallaxes de Vénus et du Soleil, la méthode de HALLEY *ne pouvait pas être employée pour le passage de 1874*, et offrait beaucoup d'embarras en 1882, en raison de la difficulté de trouver une station convenable sur le continent, presque encore inconnu, des régions polaires antarctiques. Mais, dans le t. XXIX des *Monthly Notices,* il a publié une Note importante sur les *préparatifs à faire pour l'observation des passages de Vénus* en 1874 et 1882, et il est revenu de la première appréciation qu'il avait communiquée à la Société Royale de Londres.

« La publication des Tables nouvelles de Vénus et du Soleil, par M. Le Verrier, dit-il dans cette Note, ayant *permis* à M. Hind, surintendant du *Nautical Almanac,* de calculer d'une manière *plus exacte* les phases du phénomène pour le centre de la Terre, et, par suite, pour les différents lieux du globe, il a été conduit à examiner de nouveau la question du *choix des stations* avec une attention sérieuse. »

Par la construction graphique que nous avons indiquée, et en se basant sur les calculs de M. Hind, l'astronome royal d'Angleterre a construit *quatre* cartes accompagnant sa Note, dont deux sont relatives aux ENTRÉES *accélérées* et *retardées*, et les deux autres aux SORTIES *retardées* et *accélérées*.

La carte n° 1 est relative aux stations dans lesquelles la *parallaxe* AVANCE le moment du contact ; elle correspond à notre tableau n° II ; Owhyhee, dit M. Airy, et les îles voisines sont excellentes (relativement à la méthode de M. de l'Isle). Le facteur de la parallaxe est de 0,92 et le Soleil est élevé d'environ

20 à 25 degrés. Il y a une Société anglaise à Woahoo, ajoute l'astronome royal, et ces îles sont juste près des tropiques ; mais, dit-il, si l'on observe à cette station, la longitude absolue doit être *soigneusement* DÉTERMINÉE.

« Aux îles Marquises, le facteur de la parallaxe est 0,7 et le Soleil est presque aussi haut qu'à Woahoo. Nos voisins de l'autre côté de la Manche, dit M. Airy, ont, depuis Louis XIV, pris une tête honorable dans les entreprises scientifiques de tous genres. Je suis persuadé que nous pouvons compter sur eux *pour la détermination de la longitude aux îles Marquises,* et pour une *soigneuse observation de l'entrée de Vénus, relativement à cette station,* en 1874. »

M. Airy ne pense pas que les îles Aléoutiennes puissent être recommandées, à cause de leur peu de ressources, bien que pour l'île la plus occidentale le facteur de la parallaxe soit de 0,8, et que la hauteur du Soleil soit favorable. Du reste. il pense que les Russes établiront bientôt une communication télégraphique avec les bouches du fleuve Amour, qui permettra d'obtenir avec soin la longitude de ce point qui pourra alors être une station convenable, bien que le facteur de la parallaxe n'y soit que de 0,57, car le Soleil aura environ 15 degrés de hauteur.

En ce qui concerne l'ENTRÉE ACCÉLÉRÉE, M. Airy recommande finalement au gouvernement anglais d'entreprendre une détermination exacte de la longitude de Woahoo, et d'y établir une station pour l'observation du *premier contact interne.*

La carte n° 2 est relative aux stations dans lesquelles la *parallaxe* RETARDE le moment de l'entrée.

La meilleure station indiquée par cette carte est l'*île de Kerguelen,* où le facteur de la parallaxe est 0,91, et où le Soleil atteint 25 degrés de hauteur environ ; mais M. Airy fait remarquer que cette île est connue par les marins sous le nom d'*île de la Désolation.* « J'ignore, dit l'astronome royal, si son sol est aussi déshérité qu'on le dit, ou son utilité, comme point étalon relatif aux longitudes, assez petite pour que nos auto-

9

rités maritimes ne croient pas nécessaire de déterminer cette longitude et d'y établir une station d'observation pour 1874. Si cependant on pouvait ne pas considérer ces difficultés comme trop absolues, ce serait une excellente station. »

La carte n° 2 de M. Airy montre que les îles *Crozet* fourniraient une bonne station, relativement au facteur de la parallaxe, mais que le Soleil y sera encore un peu bas. Il indique ensuite, dans l'ordre de leur mérite, les îles Rodrigues, Maurice et la Réunion, bien que le Soleil y soit cependant peu élevé.

Nous croyons devoir faire remarquer que, dans sa Note, M. Airy considère l'entrée du *centre* de Vénus sur le limbe du Soleil, tandis que, dans notre tableau n° III, nous considérons le *premier contact intérieur*, instant auquel le Soleil se trouve en général beaucoup plus élevé au-dessus de l'horizon.

Si une seule longitude exacte doit être déterminée dans cette chaîne d'îles, M. Airy pense que ce doit être celle de Maurice ; si l'on peut en déterminer deux, il faut aussi déterminer celle de l'*île Rodrigues*.

L'astronome royal fait ensuite remarquer que la carte n° 2 indique *Madras* et *Bombay* comme ayant des *facteurs parallactiques* 0,47 et 0,44 un peu faibles, mais que la valeur de chaque station ne dépend pas entièrement de ce simple facteur, mais de la *somme* de ce facteur et de ceux considérés dans la carte n° 1.

Il pense alors que les deux Observatoires de *Madras* et de *Bombay*, avec leurs longitudes *bien connues*, seront des stations très-utiles ; et il ajoute que, avec l'assistance qu'il espère recevoir du gouvernement britannique, on peut considérer l'observation de l'*entrée* RETARDÉE comme bien assurée.

Nous sommes étonné que M. Airy n'ait pas indiqué comme stations excellentes, indiquées du reste par sa carte n° 2, les îles *Amsterdam* et *Saint-Paul*, dont on voit toute la valeur dans notre tableau n° III, et que le savant M. Puiseux a proposées, avec raison, au Bureau des Longitudes.

La carte n° 3 de l'astronome royal d'Angleterre est relative aux stations dans lesquelles la parallaxe ACCÉLÈRE la *sortie*.

Il écarte de tout examen le continent sud, comme ne devant pas, sans nécessité absolue, être entretenu dans la pensée des astronomes anglais, et il déduit alors de sa carte que les stations sont, au point de vue de la *sortie accélérée* et dans l'ordre de leur valeur,

	Facteur de la parallaxe.	Hauteur du Soleil.
Les îles Auckland	0,85	28°
Canterbury............	0,81	19
Wellington	0,80	17
Auckland (Nouvelle-Zélande)....	0,77	15
L'île Norfolk...........	0,65	18
Sydney........	0,60	33
Melbourne....................	0,57	39

« Je ne parle pas de Chatham, dit M. Airy, le Soleil y est trop bas. L'existence des Observatoires de Melbourne et de Sydney fait que l'observation de la *sortie accélérée* est presque assurée, bien que cependant cela mérite confirmation. Je désirerais beaucoup qu'il y eût au moins une station dans le groupe de la Nouvelle-Zélande. »

La carte n° 4 est enfin relative aux stations dans lesquelles la *parallaxe* RETARDE la sortie. Cette carte indique que les stations favorables à ce point de vue sont presque toutes sur les territoires *russes* ou appartenant à la *Turquie*. M. Airy aurait pu ajouter *chinois*, ainsi que l'indique notre tableau n° V.

« En aucune de ces stations, dit l'astronome anglais, le facteur de la parallaxe n'est inférieur à 0,84 ; nous n'avons donc à considérer que l'*élévation du Soleil,* laissant aux gouvernements de ces pays à juger des facilités ou des difficultés (d'installation et d'observation) qui dépendent de la localité, du climat ou de la saison. »

Ne considérant que la sortie du *centre* de Vénus et non le

deuxième contact intérieur, comme nous l'avons fait dans notre tableau n° V, M. Airy remarque qu'aucune station, soit à l'est soit à l'ouest de la mer Caspienne, n'aura le Soleil bien élevé.

Omsk, Orsk (dont les longitudes ont été déterminées avec un soin tout particulier), *Astrakan, Erzeroum, Alep, Smyrne* et *Alexandrie* ont le Soleil suffisamment haut.

La carte n° 5 indique qu'à *Tobolsk, Perm, Kasan, Karkof, Odessa, Constantinople* et *Athènes,* le Soleil sera trop bas et qu'il sera même sur l'horizon à *Moscou.*

« Nous devons, dit M. Airy, laisser, avec la plus entière confiance, *le choix des stations, la détermination de la longitude* et *l'observation du phénomène à nos amis* les Russes. Une station, néanmoins, doit, *relativement à l'observation de la sortie retardée,* être considérée comme étant dans les *mains anglaises : c'est Alexandrie.* Il ne paraît pas improbable que nous ayons bientôt une communication *télégraphique directe* avec Alexandrie ; mais, en attendant, je pense qu'on n'épargnera aucun effort pour déterminer soigneusement la longitude de ce point, longitude qui, du reste, était comprise dans le travail de l'amiral Smyth et qui doit toujours être considérée comme un point étalon du Levant.

» Si l'on obtient cette détermination exacte, Alexandrie sera probablement la meilleure de toutes les stations pour l'observation de la *sortie retardée.* »

Nous devons rappeler, à cette occasion, que Suez est un des points proposés au gouvernement par le Bureau des Longitudes de France.

En terminant cet aperçu des indications publiées par M. Airy en 1868, et qui résultent de la discussion de ses cartes relatives au passage de 1874, nous devons faire remarquer que l'astronome royal d'Angleterre ne s'est préoccupé que des stations propres à l'application de la méthode de *de l'Isle* et nullement de la méthode de HALLEY, qui cependant, ainsi que l'a indiqué M. *Puiseux* et comme le fait voir notre tableau n° I, peut être, théoriquement, très-heureusement employée pour le passage de 1874.

De la discussion faite par M. Airy sur le choix des stations, en 1874, et en ne tenant compte que de celles pouvant servir utilement à l'application de la méthode de *de l'Isle*, il ressort pour lui que la détermination des longitudes absolues, que la nation anglaise *doit se faire un devoir* d'obtenir, est celle des lieux suivants :

Alexandrie,

Quelques points de la Nouvelle-Zélande,

Woahoo ou quelque autre point des îles Sandwich.

L'île Kerguelen ou les îles Crozet (mais l'île Kerguelen est préférable),

Maurice ou les deux îles Rodrigues et la Réunion, ce qui vaudrait mieux.

Pour mettre complétement le lecteur au courant de la question importante du *choix des stations*, nous allons considérer une autre méthode publiée par M. l'astronome anglais R.-A. Proctor, et qui sert à déterminer ce choix. On la trouve dans les *Monthly Notices* du mois de mars 1869.

Cette Note, qui rectifie la petite inexactitude que nous avons déjà signalée dans la formule

$$T'_1 = T_1 + G \mp g \cos \zeta,$$

au point de vue du terme $g \cos \zeta$, donne, par des considérations purement géométriques, *le moyen de déterminer plus exactement les points de la surface terrestre auxquels les contacts internes sont le plus accélérés ou le plus retardés par l'effet de la parallaxe.*

L'auteur de ce travail pense aussi, lui, que les contacts *internes* sont surtout ceux qui, relativement au *choix des stations*, ont besoin d'être examinés avec le plus d'attention, puisque les observateurs, dit-il, ne peuvent prétendre obtenir une précision suffisamment grande que relativement à ces contacts. Toutefois nous pouvons comprendre que le moment de la *sortie*, c'est-à-dire du second contact interne, semble pouvoir être observé assez exactement ; mais nous indiquerons plus loin en quoi les contacts externes et internes mêmes sont sujets à erreur.

L'auteur prend pour base de ses considérations géométriques les nombres obtenus par M. Hind, surintendant du *Nautical Almanac*, relativement aux heures temps moyen de *Greenwich*, des contacts *internes* et *externes* du passage de Vénus en 1874, pour un observateur supposé situé au *centre* de la Terre, et qui s'accordent, à 1 minute près, avec celles que nous avons calculées (page 29).

Il a donc pris :

$$\begin{array}{llll}
 & & \text{h} \quad \text{m} \quad \text{s} & \\
\text{Entrée}\ldots \left\{\begin{array}{l} 1^{\text{er}}\ \text{contact externe}\ldots \\ 2^{\text{e}}\ \text{contact interne}\ldots \end{array}\right. & \begin{array}{l} 13.46\ 56 \\ 14.15.57 \end{array} & \left.\begin{array}{l}\ \\ \ \end{array}\right\} & \begin{array}{c}\text{Temps moyen} \\ \text{de}\end{array} \\
\text{Sortie}\ldots \left\{\begin{array}{l} 1^{\text{er}}\ \text{contact interne}\ldots \\ 2^{\text{e}}\ \text{contact externe}\ldots \end{array}\right. & \begin{array}{l} 17.57.05 \\ 18.26.05 \end{array} & \left.\begin{array}{l}\ \\ \ \end{array}\right\} & \text{Greenwich.}
\end{array}$$

Enfin il a adopté les éléments suivants :

Demi-diamètre de Vénus à la distance moyenne
de la Terre.................................... $8'',3o5$
Parallaxe horizontale équatoriale solaire...... $8'',9\mathit{4}$
Longitude du Soleil le 8 décembre à 16^{h}....... $256^{\text{o}}\ 57'$
Inclinaison apparente du diamètre écliptique du
Soleil sur un parallèle à l'équateur (la partie
ouest relevée vers le nord).................. $5^{\text{o}}\ 36'$
Déclinaison du Soleil..................... $22^{\text{o}}\ 49'\ \text{S}$

Nous allons suivre l'auteur dans sa courte analyse, mais en donnant les explications et les développements que nous croirons nécessaires et en aidant même ces explications de *figures*, si nous le jugeons utile.

Considérons trois surfaces coniques :

1° La première enveloppant la Terre et le Soleil et ayant son *sommet* au delà de la Terre par rapport au Soleil : ce sera le cône *extérieur* ;

2° La seconde, surface conique à deux nappes, tangente aussi à la Terre et au Soleil, mais ayant son sommet entre la Terre et le Soleil : ce sera le cône *intérieur* ;

3° Et enfin le cône tangent au Soleil seulement et dont le sommet serait au centre de la Terre : ce sera le cône *moyen*.

Soient V, 1, 2, 3, 4,..., 10, 11, 12,..., V' (*fig.* 16) la route *relative apparente* que suit Vénus dans l'espace.

Il est évident que, lorsque Vénus a atteint en 1 une génératrice du *cône extérieur*, le passage a commencé pour un *point a* de la surface de la Terre, qui voit le Soleil se *coucher*.

Lorsque Vénus a atteint en 5 une génératrice du *cône intérieur*, le passage a commencé pour tous les lieux de l'*hémisphère éclairé de la Terre, à ce moment*.

Si nous imaginons un observateur au centre de la Terre en T, le passage commence, pour un observateur situé à ce centre, au moment où Vénus atteint en 3 une génératrice du *cône moyen*.

La *première position* de Vénus en 1 correspond évidemment à l'*entrée la plus accélérée*, l'observateur se trouvant au point *a* et le Soleil étant à son coucher ; la deuxième position en 5 correspond à l'*entrée la plus retardée* : l'observateur est en *b'* et le Soleil à son *lever*. On voit de même que en 8 on aura la *sortie la plus accélérée*, l'observateur étant en *b*, le Soleil se *couchant*, et enfin en 12 on a la *sortie la plus retardée*, l'observateur se trouvant en *a'* et le Soleil étant à son *lever*.

Nous pouvons considérer la Terre comme étant immobile, à la condition d'attribuer à Vénus le mouvement relatif qui résulte des mouvements de la *Terre* et de *Vénus* dans l'espace, c'est-à-dire de la différence de ces mouvements.

Nous pouvons facilement calculer, ainsi que nous allons le

Fig. 16.

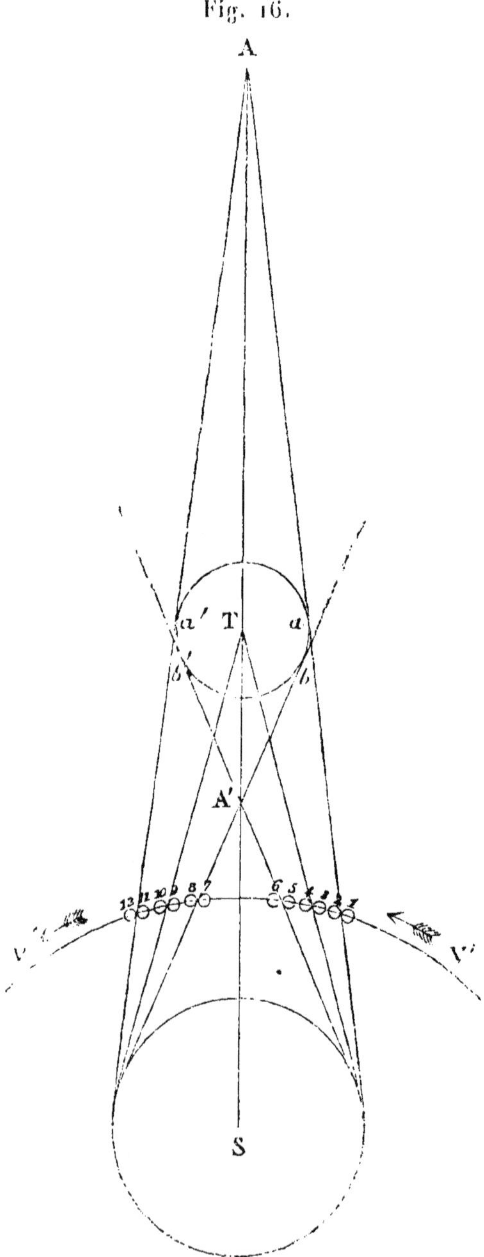

voir, la *durée d'un passage central*, c'est-à-dire tel qu'il serait si Vénus, dans son *mouvement relatif* tel qu'il existe, parcourait un diamètre du Soleil ; et nous allons considérer cette durée au point de vue des contacts *externes, internes* ou même *centraux*, et relativement aux *trois cônes* que nous venons d'indiquer.

En considérant la durée qui a lieu relativement aux positions 3 et 10, nous aurons la *durée d'un passage central*, eu égard aux *contacts externes*, tel qu'il serait vu du centre de la Terre. En comparant cette durée avec celle qui a été donnée par M. Hind, nous pourrons connaître combien le passage de 1874 diffère du passage *central*.

Pour conserver, autant que possible, les notations que nous avons adoptées, appelons

$2d'$ le diamètre linéaire du Soleil ;

ρ_0 la distance *moyenne* de Vénus au Soleil ;

ρ'_0 la distance *moyenne* de la Terre au Soleil ;

ρ la distance de Vénus au Soleil au moment du passage ;

ρ' la distance de la Terre au Soleil au même moment ;

v_0 la vitesse linéaire moyenne de Vénus dans l'espace ;

v'_0 la vitesse linéaire moyenne de la Terre ;

r le rayon de Vénus exprimé linéairement ;

r' le rayon de la Terre exprimé linéairement ;

i l'inclinaison de l'orbite de Vénus sur le plan de l'écliptique ;

T   le temps de révolution sidérale de Vénus ;

T'   le temps de révolution sidérale de la Terre.

On a évidemment, en considérant les distances moyennes et en supposant les orbites de Vénus et de la Terre circulaires,

$$v_0 = \frac{2\pi\rho_0}{T}, \quad v'_0 = \frac{2\pi\rho'_0}{T'}.$$

d'où

$$\frac{v_0^2}{v'^2_0} = \frac{\rho_0^2}{\rho'^2_0} \times \frac{T'^2}{T^2}$$

Mais, d'après la troisième loi de Képler, on a

$$\frac{T'^2}{T^2} = \frac{\rho_0'^3}{\rho_0^3};$$

on a donc

$$\frac{v_0^2}{v_0'^2} = \frac{\rho_0'}{\rho_0},$$

et, par suite, la vitesse moyenne de Vénus sera

$$v_0 = v_0' \sqrt{\frac{\rho_0'}{\rho_0}}.$$

En raison de la *loi des aires* et d'après nos notations, les vitesses linéaires de Vénus et de la Terre, *au moment du passage,* seront, en désignant ces vitesses par v et v',

$$v = \frac{v_0 \rho_0}{\rho}, \quad v' = \frac{v_0' \rho_0'}{\rho'};$$

d'où, en ayant égard à la valeur de v_0 que nous venons de trouver,

$$v = v_0' \frac{\rho_0}{\rho} \sqrt{\frac{\rho_0'}{\rho_0}} = v_0' \frac{\sqrt{\rho_0 \rho_0'}}{\rho}.$$

De plus la vitesse linéaire du point du rayon vecteur de la Terre auquel se trouve Vénus est évidemment égale à la vitesse de la Terre multipliée par $\frac{\rho}{\rho'}$; on a donc pour vitesse de ce point

$$v_0' \frac{\rho_0'}{\rho'} \times \frac{\rho}{\rho'} = \frac{v_0' \rho_0' \rho}{\rho'^2}.$$

Pour avoir alors la vitesse *relative* avec laquelle *Vénus* traverse le cône d'ombre, il suffit de déterminer la *projection* du mouvement de la planète et de ce *point particulier* du rayon vecteur de la Terre sur le plan de l'orbite de Vénus et sur un plan perpendiculaire, et de considérer ensuite la vitesse cherchée comme l'hypoténuse d'un triangle rectiligne rectangle, dont les deux *vitesses relatives projetées* seraient les côtés de l'angle droit.

On a alors, pour la vitesse de Vénus sur son orbite,

$$\frac{c'_0 \sqrt{\rho_0 c'_0}}{\rho},$$

et, pour la vitesse du point du rayon vecteur sur le même plan,

$$\frac{c'_0 \rho'_0 \rho}{\rho'^2} \cos i,$$

d'où, pour la vitesse relative de Vénus sur le plan de son orbite,

$$V = \frac{c'_0 \sqrt{\rho_0 c'_0}}{\rho} - \frac{c'_0 c'_0 \rho}{\rho'^2} \cos i.$$

La vitesse de Vénus sur le plan *perpendiculaire* à son orbite est *nulle*, et celle du point du rayon vecteur de la Terre sur le même plan est

$$\frac{c'_0 \rho'_0 \rho}{\rho'^2} \sin i.$$

On a donc pour vitesse *relative* de Vénus dans l'espace, c'està-dire sur son orbite apparente,

$$V = c'_0 \sqrt{\left(\frac{\sqrt{\rho_0 \rho'_0}}{\rho} - \frac{\rho'_0 \rho}{\rho'^2} \cos i \right)^2 + \left(\frac{\rho'_0 \rho}{\rho'^2} \sin i \right)^2},$$

ou, en développant sous le radical,

$$(59) \quad V = \frac{c'_0}{\rho'^2 \rho} \sqrt{\rho_0 \rho'_0 \rho^4 + \rho'^2_0 \rho^4 - 2\rho'^2 \rho^2 \rho'^{\frac{3}{2}}_0 \rho^{\frac{1}{2}}_0 \cos i}.$$

Déterminons maintenant la durée du passage *central*, relativement au *cône moyen*.

Soient S le centre du Soleil (*fig.* 17), T le centre de la Terre, *a'ba* la portion de trajectoire de Vénus traversant le cône moyen.

Fig. 17.

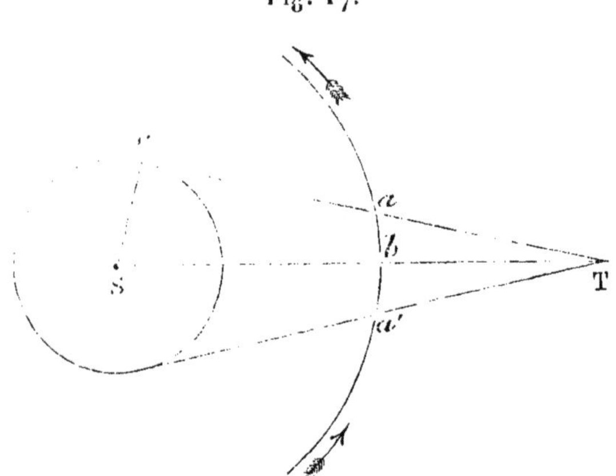

On peut considérer *ab* comme rectiligne et perpendiculaire à l'axe ST.

Les deux triangles semblables SCT et *ba*T donnent

$$\frac{ab}{CS} = \frac{aT}{ST},$$

ou sensiblement

$$\frac{ab}{d'} = \frac{\rho' - \rho}{\rho'},$$

d'où

$$aa' = \frac{2\,d'\,(\rho' - \rho)}{\rho'};$$

a'a peut être considéré comme le chemin que le *centre* de Vénus a à faire pour traverser le cône moyen à la section faite en *b* perpendiculairement à l'axe ST.

V étant la vitesse relative que nous avons trouvée ci-dessous, on aura donc pour durée T$_c$ du passage *central* relativement au cône *moyen*, c'est-à-dire pour un observateur situé au *centre* de la Terre,

$$(60) \qquad T_c = \frac{1}{V} \times \frac{2d'(\rho' - \rho)}{\rho'},$$

d' est exprimé en prenant pour unité la moyenne distance ρ'_0 de la Terre au Soleil.

Si, ainsi que nous l'avons dit, nous nommons maintenant r le rayon linéaire de Vénus et r' le rayon linéaire de la Terre, la durée d'un passage *central* par le cône moyen, mais en considérant les contacts *externes*, sera évidemment

$$(61) \qquad T_e = \frac{1}{V} \left[\frac{2d'(\rho' - \rho)}{\rho'} + 2r \right].$$

et la *durée* d'un passage *central* par ce même cône moyen, mais en considérant les contacts *internes*, sera

$$(62) \qquad T_i = \frac{1}{V} \left[\frac{2d'(\rho' - \rho)}{\rho'} - 2r \right].$$

Rappelons que les trois durées T_e, T_c et T_i sont celles qui existeraient pour un observateur situé *au centre de la Terre* et dans le cas où la trajectoire apparente de Vénus couperait l'axe du cône avec la vitesse *relative* qu'elle a dans l'espace.

Pour déterminer les durées analogues, mais relativement aux points de la surface de la Terre, où les *entrées* ou bien les *sorties* sont le plus *affectées* par la parallaxe, il suffira de chercher le temps que Vénus mettra à décrire les petits éléments de sa trajectoire, ca, ab (*fig.* 18), compris entre le cône *moyen* et les cônes *extérieur* ou *intérieur*.

Les deux tangentes Tm et em au Soleil viennent se rencontrer en un point m peu éloigné du Soleil, à cause du peu de grandeur de la parallaxe solaire. On peut considérer les triangles *mac* et *m*T*c* comme semblables, et ils donnent

$$\frac{ac}{Tc} = \frac{mc}{mc} = \frac{\rho}{\rho'}, \text{ sensiblement;}$$

Fig. 18.

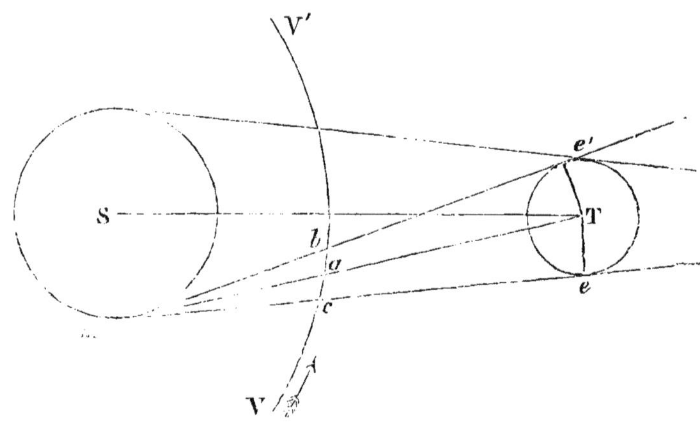

et l'on a, par suite,

$$ac = \frac{r'\rho}{\rho'};$$

et, par suite, le *diamètre* de la section du cône *extérieur* parcouru par Vénus, dans un passage *central*, serait

$$\frac{2\,d'(\rho' - \rho)}{\rho'} + \frac{2\,r'\rho}{\rho'}.$$

Par la comparaison des triangles *mba*, *m*T*e'*, on aura de même, pour le diamètre de la section du cône *intérieur*, parcouru par Vénus, dans un passage central,

$$\frac{2\,d'(\rho' - \rho)}{\rho'} - \frac{2\,r'\rho}{\rho'}.$$

On voit alors sans difficulté que, pour un passage *central*, l'intervalle entre le premier contact *externe* le plus *accéléré* par la parallaxe et le deuxième contact *externe* le plus *retardé*, contacts relatifs à *deux lieux* très-différents du globe, sera donné par la formule

$$(63) \qquad \mathrm{I}_e = \frac{1}{\mathrm{V}} \left[\frac{2\,d'(\rho' - \rho)}{\rho'} + \frac{2\,r'\rho}{\rho'} + 2\,r \right].$$

De même l'intervalle entre le premier contact *externe* le plus *retardé* par la parallaxe et le deuxième contact externe le plus *accéléré*, contacts relatifs à deux autres lieux du globe, sera donné par la formule

$$(64) \qquad \mathrm{I}'_e = \frac{1}{\mathrm{V}} \left[\frac{2\,d'(\rho' - \rho)}{\rho'} - \frac{2\,r'\rho}{\rho'} + 2\,r \right].$$

Relativement maintenant aux contacts *intérieurs*,, on voit immédiatement que l'intervalle entre le premier contact *interne* le plus *accéléré* par la parallaxe et le deuxième contact interne le plus *retardé*, contacts relatifs à *deux lieux* particuliers du globe, est donné par la relation

$$(65) \qquad \mathrm{I}_i = \frac{1}{\mathrm{V}} \left[\frac{2\,d'(\rho' - \rho)}{\rho'} + \frac{2\,r'\rho}{\rho'} - 2\,r \right];$$

et enfin que l'intervalle entre le *premier* contact *interne* le plus retardé et le *deuxième* contact *interne* le plus *accéléré* est donné par la formule

$$(66) \qquad \mathrm{I}'_i = \frac{1}{\mathrm{V}} \left[\frac{2\,d'(\rho' - \rho)}{\rho'} - \frac{2\,r'\rho}{\rho'} - 2\,r \right].$$

En employant les valeurs connues, tirées des Tables astronomiques, pour les quantités v'_0, ρ_0, i, ρ', ρ, d', r', r, l'auteur de la Note que nous donnons a trouvé, à l'aide des formules (59), (60), (61), (62), et en prenant pour unité la distance moyenne ρ'_0 de la Terre au Soleil,

$$T_c = 7^h 55^m 8^s,256,$$
$$T_e = 8^h 10^m 25^s,140 = 8^h,1736.$$

On peut déterminer, maintenant, combien le passage de 1874 diffère d'un passage *central*.

Considérons, par exemple, les contacts *extérieurs* relativement au cône *moyen*, c'est-à-dire à un observateur placé au centre de la Terre.

Soit S (*fig.* 19) le centre de la section du cône moyen dont

Fig. 19.

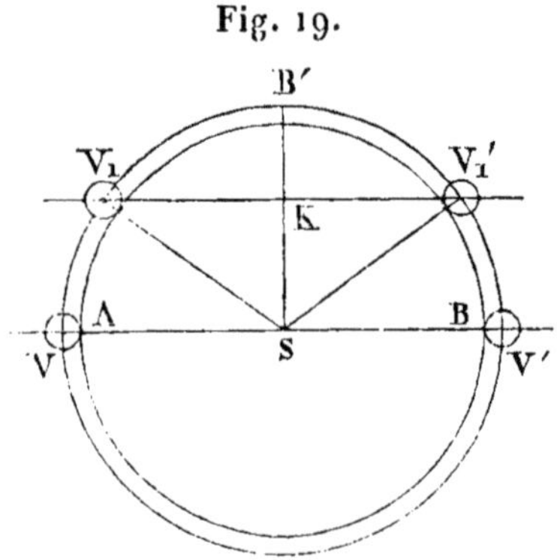

le diamètre est AB, la distance à parcourir par Vénus, pour un passage *central*, serait

$$VV' = \frac{2d'(\rho' - \rho)}{\rho'} + 2r.$$

Soit aussi $V_1 V'_1$ la corde du disque solaire, *parallèle à* VV', que parcourt réellement la planète Vénus en 1874.

D'après M. HIND, dit l'auteur, et en considérant les contacts *externes*, Vénus met

$$4^h,6525$$

à parcourir la distance $V_1 V'_1$.

Menons SKB' perpendiculaire sur $V_1 V'_1$ et joignons SV_1, SV'_1.

Si nous appelons θ l'angle $V'_1 SK$, le triangle KSV'_1 nous donnera

$$KV'_1 = SV'_1 \sin\theta,$$

et, comme $SV'_1 = SV'$, on en déduit

$$\sin\theta = \frac{KV'_1}{SV'} = \frac{2KV'_1}{2SV'},$$

ou, en introduisant les temps,

$$\sin\theta = \frac{4,6525}{8,1736},$$

on trouve

$$\theta = 34°41'40''.$$

On trouve aussi que la distance $SK = k$, qui sépare du centre de la section la *corde du passage*, est

$$(67) \qquad k = \left[\frac{d'(\rho' - \rho)}{\rho'} + r \right] \cos\theta.$$

Si nous voulons maintenant calculer la durée t d'un passage de Vénus à travers un cône autre que le cône moyen (le cône *extérieur*, au point de vue des contacts externes, centraux ou internes, ou le cône *intérieur*, au point de vue des contacts ex-

Fig. 20.

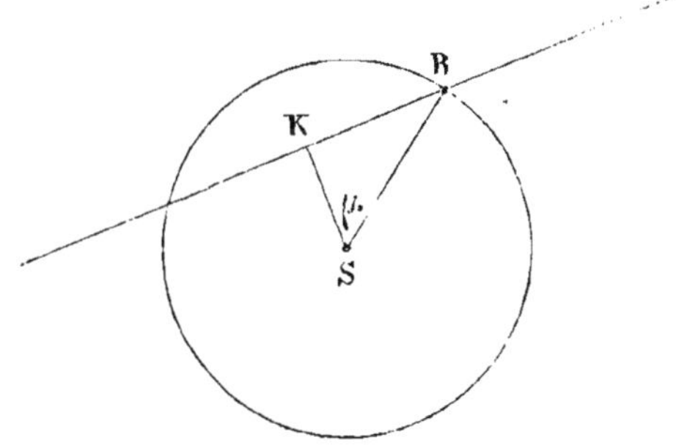

ternes, centraux ou internes), représentons par S le rayon SB (*fig.* 20) de cette section. Comme la distance $SK = k$ de la corde au centre de la section sera toujours la même, nous aurons, en désignant par μ l'angle KSB, et en considérant le triangle KSB,

$$\cos\mu = \frac{k}{S} \quad \text{et} \quad t = \frac{2\,KB}{V} = \frac{2\,S\sin\mu}{V}.$$

Si nous donnons maintenant à $2S$, successivement, les quatre valeurs renfermées dans l'expression

$$\frac{2d'(\rho' - \rho)}{\rho'} \pm \frac{2r'\rho}{\rho'} \pm 2r,$$

nous aurons les valeurs de μ correspondantes et les intervalles qui correspondent à ceux que, *relativement au passage central*, nous avons désignés par

$$I_e, \ I_e, \ I_i, \ I_i'.$$

En ajoutant ou retranchant la moitié de ces intervalles à l'heure correspondant au milieu du phénomène, heure déduite des heures d'*entrée et de sortie* données par M. HIND, relativement au centre de la Terre, on aura d'une manière fort approchée, en *temps moyen de Greenwich*, les heures des contacts *externes* ou *internes* le plus *accélérés* ou le plus *retardés* par la *parallaxe*.

On peut maintenant déduire des différentes valeurs de μ, correspondant aux différentes valeurs de S, les *angles de position* relatifs à chaque contact *accéléré* ou *retardé*.

On cherche d'abord, ainsi que nous l'avons vu (p. 14), l'inclinaison de *l'orbite apparente de Vénus* sur le diamètre du Soleil parallèle à l'équateur.

Pour le passage de 1874, cette inclinaison est de $14°45'$ environ.

Soient ensuite S (*fig.* 21) le centre de la section considérée, VV' la corde parcourue par le centre de Vénus, corde qui rencontre au point A la parallèle à l'équateur QQ'.

Posons

$$QV = x, \quad Q'V' = y.$$

Nous avons trouvé, pour grandeur de la moitié de l'arc $V n V'$,

$$34° 41' 40''.$$

Puisque l'angle A est de $14° 45'$, on a, d'après la mesure des

Fig. 21.

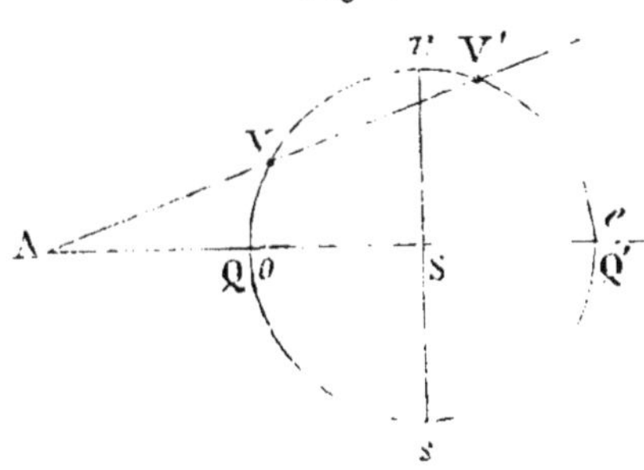

angles dont le sommet est hors de la circonférence,

$$\frac{y - x}{2} = 14° 45',$$

et aussi

$$\frac{y + x}{2} = 90 - (34° 41' 40'') = 55° 18' 20''.$$

On déduit de ces deux relations

$$y = 70° \ 3' 20'',$$
$$x = 40° 33' 20'',$$

d'où l'on trouve, pour les *angles de position* comptés du sud,

$$s V = 130° 33' 20'',$$
$$s V' = 160° \ 3' 20''.$$

Ces angles s'accordent à très-peu près avec ceux que nous avons calculés (p. 29 et 30) par une autre méthode.

En suivant une marche analogue pour les différentes valeurs de μ, déterminées ainsi que nous l'avons dit ci-dessus, on peut avoir les angles de position relatifs aux contacts *externes* et *internes* pour les entrées et les sorties de Vénus sur les différentes sections que nous avons considérées. Mais il est bon de remarquer que les angles de position ainsi obtenus sont ceux qui concerneraient un observateur *situé au centre* de la *Terre* et qui *verrait* les contacts externes ou internes de Vénus avec les cônes *extérieur* et *intérieur* que nous avons considérés.

C'est par la méthode que nous venons de donner que l'auteur a pu dresser un tableau dont nous extrayons simplement ce qui concerne la question des contacts *internes* le plus *accélérés* et le plus *retardés* :

	Heures temps moyen de Greenwich.	Angles de position.	
	h m s	o ,	
1er contact interne le plus *accéléré*.	14.03.59	133.56	S. vers E.
1er contact interne le plus *retardé* .	14.29.05	139.26	S. vers E.
2e contact interne le plus *accéléré*.	17.43.58	168.57	S. vers O.
2e contact interne le plus *retardé*.	18.09.04	163.27	S. vers O.

D'après les formules (42), l'intervalle qui existe entre l'instant du premier contact interne le plus *accéléré* par la parallaxe et le deuxième *contact interne* le plus retardé est égal à $2g$, c'est-à-dire est *directement proportionnel* à la *parallaxe solaire*. L'auteur fait remarquer que l'on peut alors, d'après cela, estimer facilement les effets des erreurs d'observation ou d'une erreur dans la détermination de la longitude, si l'on considère la méthode de DE L'ISLE.

Il trouve alors qu'une erreur de 10 secondes dans la *détermination de l'intervalle* donnerait une erreur de 0″,07 sur la parallaxe solaire.

Pour pouvoir utiliser l'analyse que nous venons de donner à la détermination du *choix* des stations, il faut déterminer la position sur la Terre des *quatre* points a, a', b', b (*fig.* 16), auxquels *l'accélération* ou le *retard* dus à la parallaxe ont leur valeur *maximum*.

Nous avons vu que ces points, déterminés par une autre méthode, ont servi de base à la construction des cartes de M. AIRY pour la recherche graphique concernant le choix des stations.

Soient, relativement à l'un des quatre contacts considérés,

S l'angle de position donné dans le tableau précédent et mesuré du sud au nord ;

D la déclinaison du Soleil ;

T' l'heure à laquelle, dans le lieu, arrive le contact ;

β la latitude du point demandé ;

A' la longitude de ce point, estimée à partir du méridien pour lequel il est midi vrai au moment du contact.

Soient aussi

T le centre de la Terre (*fig.* 22) ;

S celui du Soleil ;

TP la ligne des pôles ;

AbVv la génératrice du cône passant par Vénus au moment du *contact considéré*, et tangente à la Terre en b et au Soleil en v.

C'est la position du point b qu'il faut trouver.

L'angle de position S, donné dans le tableau de la page 116, n'est autre chose, évidemment, que l'angle de deux plans PTS et vVAT ou ZTA, TZ étant la verticale du point b.

En imaginant la sphère céleste ayant son centre au centre de la Terre, les trois lignes ZT, *verticale du point cherché*, TP *ligne des pôles* et AT axe du cône, détermineront sur cette sphère un triangle sphérique zpa, dans lequel

$za = 90 - (d' - P)$ (d' étant ici un arc) ;

$zp = 90 - \beta$;

Pa = distance polaire du Soleil ou son supplément, selon la position de l'axe TP, égale donc $90 - D$ ou $90 + D$;

et enfin l'angle $zap = S$, angle de position.

Ce triangle donne

$$\cos zp = \cos za \cos pa - \sin za \sin pa \cos S,$$

Fig. 22.

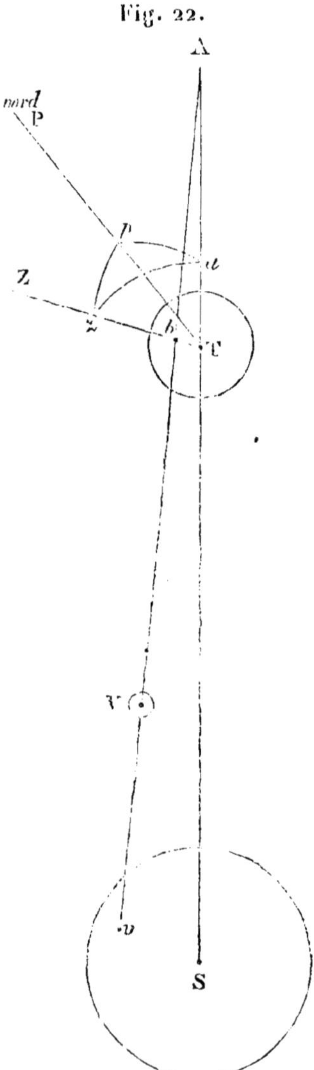

en remarquant que les angles des positions sont comptés du

sud ; ou, très-approximativement, en faisant $\cos za = 0$ et $\sin za = 1$,

$$(68) \qquad \sin \beta = - \cos D \cos S.$$

Cette formule donnera la *latitude* du point b.

Le même triangle donne encore

$$\cot za \sin ap = \cos ap \cos a + \sin a \cot zpa,$$

ou, très-approximativement, en faisant $za = 90°$,

$$\cot zpa = - \cot a \cos ap ;$$

mais zpa est l'angle formé par le méridien du lieu et le méridien pa qui, au moment considéré, passe par le Soleil. On a donc, d'après les notations données ci-dessus,

$$(69) \qquad \cot \Lambda' = \cot S \sin D.$$

En combinant Λ' avec l'angle horaire du Soleil pour le *premier méridien* adopté, au moment du contact, on aura la longitude Λ cherchée du point b.

Les formules (68) et (69), appliquées convenablement aux quatre contacts, donneront les positions des quatre points cherchés.

Il faudrait, à la rigueur, donner des indications pour les signes de β et de Λ', mais les circonstances relatives à chaque cas seront suffisantes pour éclaircir tous les doutes.

Il est évident, par exemple, que pour le premier contact *interne* le plus *accéléré* par la parallaxe et pour le deuxième contact *interne* le *plus retardé*, les latitudes β et β' sont *nord*, et qu'elles sont *sud*, au contraire, pour les deux autres points.

On voit, en effet, que les tangentes qui correspondent aux contacts internes le plus *accéléré* à l'entrée et le plus *retardé* à la *sortie* appartiennent au cône *extérieur*, et que les tangentes qui correspondent aux deux autres contacts *internes* appartiennent au cône *intérieur*.

Or, pour le passage de 1874, la déclinaison de Vénus étant moins sud que celle du Soleil au moment de la conjonction en ascension droite, la planète doit rencontrer, pour le cône *extérieur*, des génératrices qui sont tangentes à l'*hémisphère nord* de la Terre, et, pour le cône *intérieur*, des génératrices qui sont tangentes à l'*hémisphère sud*. Et l'on voit aussi, en s'aidant si l'on veut de la *fig.* 16, que les lieux pour lesquels la parallaxe *retarde le contact* doivent être à l'*est* du premier méridien particulier adopté, et que, dans les lieux pour lesquels la parallaxe accélère le contact, ils doivent, au contraire, être à l'*ouest* de ce même premier méridien.

En rapportant les longitudes au méridien de Greenwich, par exemple, et appelant T' l'heure de ce premier méridien au moment de la phase considérée, et c l'équation du temps, on aura, pour la longitude d'un lieu déterminé,

$$(70) \qquad \Lambda = 24 - (T' + c) \pm \Lambda'.$$

A l'aide des formules (68), (69) et (70), l'auteur de la Note a pu dresser le tableau ci-dessous :

		Latitude.	Longitude comptée de Greenwich.
Entrée.	1° Lieu où le 1er contact interne est le plus *accéléré*..........	39.45' N.	143.23' O.
	2° Lieu où le 1er contact interne est le plus *retardé*..........	44.27 S.	26.27 E.
Sortie.	3° Lieu où le 2e contact interne est le plus *accéléré*..........	64.47 S.	114.37 O.
	4° Lieu où le 2e contact interne est le plus *retardé*..........	62.05 N.	48.22 E.

En comparant ces résultats à ceux indiqués dans les cartes de M. AIRY, l'accord est plus grand pour les lieux qui sont situés par une latitude *nord* que pour ceux situés par une latitude *sud*.

On peut alors constater que la considération des contacts

internes et la méthode que nous venons de donner ont déplacé assez notablement les lieux d'*accélération* ou de *retard maximum*.

Ainsi le point d'*accélération maximum* relatif à l'*entrée* a été déplacé de 280 milles (anglais) vers le nord-ouest, et le point de *retard maximum* relatif à la *sortie* a été déplacé de 220 milles vers le nord-est. Mais le point de *retard maximum* (*entrée*) a été déplacé de 800 milles vers le sud-ouest et le point d'*accélération maximum* (*sortie*) a été déplacé de 700 milles vers le sud-est.

Nous croyons aussi devoir faire remarquer que par la méthode que nous venons de donner on ne trouve pas du tout que les deux lieux correspondant à l'*entrée la plus accélérée* et à l'*entrée la plus retardée* soient des points de la Terre situés aux *extrémités d'an. même diamètre*, ainsi qu'on le trouve par la formule (42).

On peut par une construction très-simple, effectuée d'abord sur un plan et ensuite achevée sur un globe terrestre, déterminer les quatre points d'accélération ou de retard maximum, à l'*entrée* et à la *sortie*, une fois les heures d'entrée T et de sortie T', ainsi que les angles de position S et S', déterminés relativement à un observateur supposé au centre de la Terre.

La section plane menée par Vénus perpendiculairement à l'axe des *trois cônes* (*fig.* 23) que nous avons considérés détermine *trois cercles*, dont les rayons supposés vus du centre de la Terre ont pour grandeur angulaire, en désignant encore par d' le demi-diamètre angulaire du Soleil,

(1) $d' + (\Pi - P)$.. section relative au cône *extérieur*;

(2) d' .... section relative au cône *moyen*;

(3) $d' - (\Pi - P)$.. section relative au cône *intérieur*.

Menons une ligne SN représentant la ligne nord et sud, et faisons les angles NSB $=$ S, NSB' $=$ S' égaux aux angles de position trouvés pour le centre de la Terre.

Sur SB prenons SV $= d' + d$, d étant le demi-diamètre de

Vénus, et sur SB′ prenons SV′ $= d' + d$, en supposant que le
calcul fait pour le centre de la Terre ait été relatif aux contacts

Fig. 23.

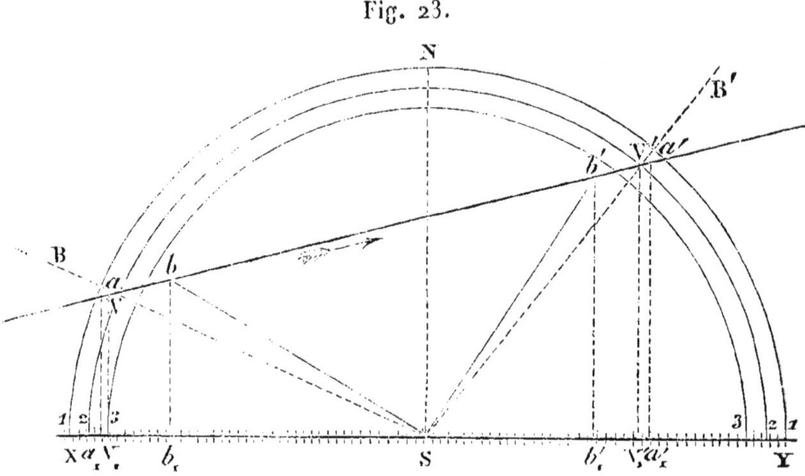

extérieurs. Abaissons VV, et V′V′, perpendiculaires au diamètre
V, SV′, qui est lui-même perpendiculaire à SN.

Divisons l'intervalle V,V′, en autant de parties égales qu'il y
a de 10 minutes, par exemple, dans l'intervalle T′ — T et
numérotons le diamètre divisé, en mettant T à V, et T′ à V′,.
V et V′ représentent évidemment les positions du centre de
Vénus au moment où à l'*entrée* et à la *sortie* cette planète
touche le cône *moyen*.

La ligne VV′ peut donc représenter la trajectoire de Vénus
sur le plan de la *section*.

Si du point S comme centre avec $[d' + (\Pi - P) - d]$ pour
rayon nous décrivons un arc de cercle coupant en a et a' la
trajectoire de Vénus, ces points représenteront la position de
Vénus quand elle sera tangente *intérieurement* au cône *extérieur*, c'est-à-dire que

a est la position de Vénus à l'*entrée* la plus *accélérée*;

a' est la position de Vénus à la *sortie* la plus *retardée*.

De même si du point S comme centre avec $[d' - (H - P) - d]$ pour rayon nous décrivons un arc de cercle coupant en b et b' la trajectoire de Vénus, ces points représenteront la position de cette planète quand elle sera tangente *intérieurement* au cône intérieur, c'est-à-dire que

 b est la position de Vénus à l'*entrée* la plus *retardée* ;

 b' est la position de Vénus à la *sortie* la plus *accélérée*.

En projetant les points a, b, b', a' sur le diamètre XY, divisé en intervalle de temps, on aura les heures T_1, T_2, T_3, T_4, temps moyen du premier méridien, auxquelles ces contacts arrivent ; et, en menant les lignes Sa, Sb, Sb', Sa', les angles NSa, NSb, NSb', NSa' donneront les angles de position, vus du centre de la Terre, et comptés du pôle nord.

Une fois ces heures et ces angles de position déterminés, on peut trouver les points de retard et d'accélération maximum.

On placera, par exemple, à l'heure T_1 exprimée en temps vrai et avec la déclinaison du Soleil (comme nous l'avons fait page 80), la position du lieu ayant le Soleil au zénith à ce moment.

Soit Z (*fig.* 24) ce point. On mène au point Z un grand cercle

Fig. 24.

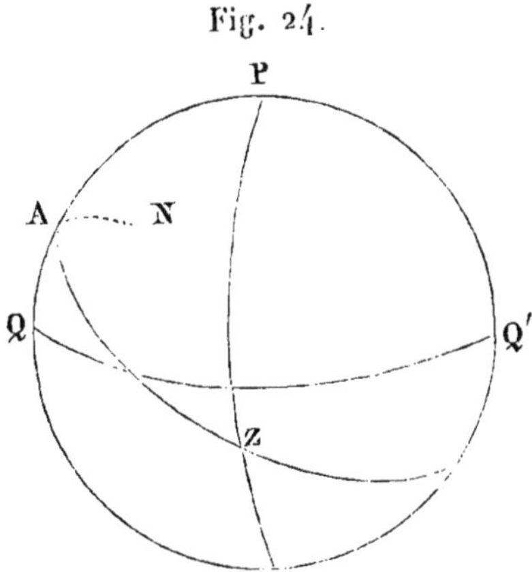

ZAN faisant avec PZ l'angle de position trouvé par la construction graphique ; et, en prenant sur ZA un arc ZAN $= 90 + d' - $ P, on aura le point N, lieu des *entrées accélérées*.

Pour chaque heure temps vrai trouvée, T_1, T_2, T_3 et T_4, la position du point Z sera changée et l'angle de position sera différent.

Il faut remarquer que les points relatifs à *l'entrée* et à la *sortie accélérées* devront être portés vers *l'est*, et ceux relatifs à *l'entrée* et à la *sortie retardées* devront être portés vers *l'ouest*.

Ainsi, si Z′ (*fig.* 25) est la position du lieu qui a le Soleil au

Fig. 25.

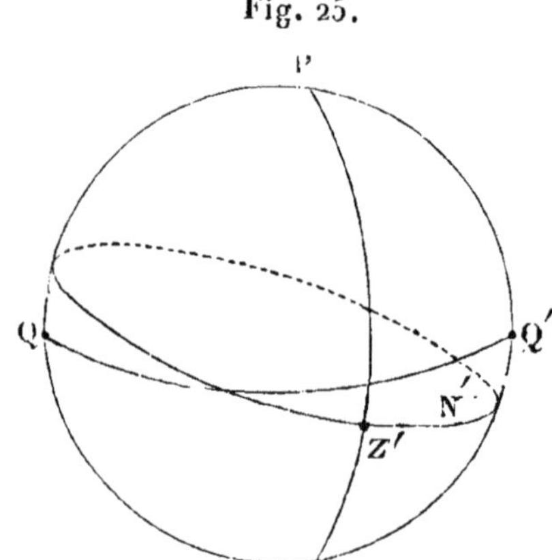

zénith au moment T_2, $Z'N' = 90 - d' + $ P (¹) nous donnera en N′ la position du lieu ayant *l'entrée* la plus *retardée*.

La construction des cartes servant à déterminer la valeur des stations pourra s'effectuer ainsi que nous l'avons indiqué page 82.

Le même auteur a fait paraître dans les *Monthly Notices*, en mars 1869, une seconde Note dans laquelle il dit qu'il a examiné

(¹) Nous mettons $90° - d'$, parce que ce que nous disons est relatif au cône intérieur qui rencontre la sphère terrestre suivant un petit cercle situé plus près du point Z′ (de $2d'$) que n'est du point Z le petit cercle de tangence du cône *extérieur*.

de nouveau la question par une nouvelle méthode, et que les résultats qu'il a obtenus s'accordent strictement avec ceux que nous venons de donner. Mais, ajoute-t-il, des recherches supplémentaires, relatives aux circonstances du passage de 1874 et concernant principalement la question de *durée*, pour le cas des contacts *internes*, l'ont conduit à mettre plus clairement en évidence la valeur de ce passage, au point de vue de la méthode de HALLEY.

Il a construit, pour l'*entrée* et pour la *sortie*, les projections orthographiques d'un hémisphère terrestre sur l'*horizon vrai* du lieu qui a *Vénus* au zénith au moment des contacts *internes* considérés du *centre de la Terre*. Il a donc dressé *deux* cartes.

Sur chaque projection (prenons l'entrée, par exemple), il a construit par points la ligne aZb (*fig.* 26) qui joint

les points a $\begin{cases} \text{latitude} \dots & 39°45' \text{ N.} \\ \text{longitude} \dots & 143°23' \text{ O. (Greenwich)}, \end{cases}$

le centre Z

et le point b $\begin{cases} \text{latitude} \dots & 44°27' \text{ S.} \\ \text{longitude} \dots & 26°27' \text{ E. (Greenwich)}, \end{cases}$

et qui contient de *minute* en *minute* les lieux qui voient successivement le contact interne.

Il a calculé et placé ainsi 26 points qu'il a joints par un trait continu.

Si l'on projette aussi les 26 petits cercles qui ont les points a et b pour pôles, on aura sur cette corde une série de lignes, telles que mn, à peu près parallèles entre elles et perpendiculaires à la ligne aZb, et qui, d'après *le théorème de* LAGRANGE, donneront les lieux du globe ayant le même *retard* ou la même *avance* sur le contact considéré du centre de la Terre.

L'auteur a tracé sur ses cartes les lignes de minute en minute. Si maintenant on décrit *du point* Z *comme centre*, et avec des longueurs égales aux sinus d'arcs de *différentes lon-*

gueurs, (le rayon du cercle PQSQ' ayant été pris pour unité), des *petits cercles,* on aura sur ces cercles les lieux ayant la

Fig. 26.

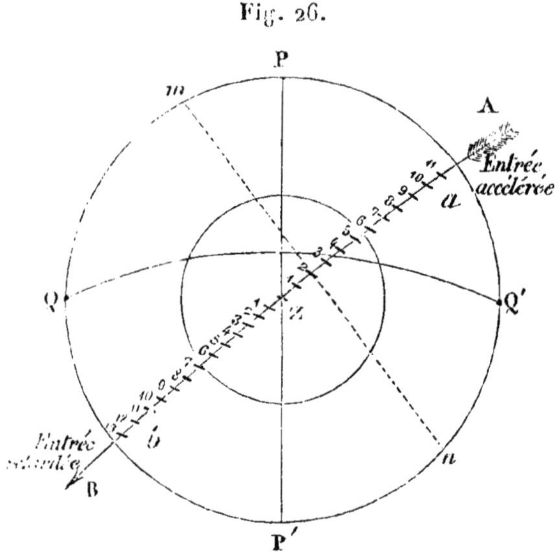

même distance zénithale. L'auteur a décrit un cercle de 10 en 10 degrés.

Au point de vue de la méthode de HALLEY, ces cartes ainsi construites peuvent indiquer pour *chaque lieu* de l'hémisphère du globe le *retard* ou *l'accélération qui lui est propre,* et *l'élévation du Soleil* qui lui *correspond.* C'est ce que donne pour un nombre suffisant de lieux notre tableau n° I.

L'examen des deux cartes que nous venons de citer montre qu'aucun point d'une région à peu près circulaire, s'étendant du lac *Baïkal* à la partie sud de l'île *Saghalien,* et du quarantième degré de latitude nord au soixantième degré de latitude sud, ne donne une durée bien plus considérable que celle relative au centre de la Terre, tandis que la partie la plus nord de cette région donne une augmentation qui va jusqu'à 16^m 25^s.

Pour les stations sud il y a un grand choix, dit l'auteur, bien que trois ou quatre stations seulement donnent l'accourcissement désirable.

L'île Pétra, en la supposant par 88 degrés de longitude ouest (Greenwich) et une latitude sud de 71 degrés, donne une durée moindre de 20 minutes qu'au centre de la Terre.

Le lieu situé près de Repulse-Bay, indiqué par M. AIRY comme seulement convenable pour le passage de 1882, donne en 1874 une durée *diminuée* de $18^m 30^s$.

La Terre de Victoria donne un accourcissement de $18^m 45^s$. Un point de la Terre d'Enderby donne un retard qui n'est pas inférieur à 20 minutes.

Les îles Crozet et l'île de Kerguelen donnent une durée accourcie de 17 et de 16 minutes.

L'île Macquarie, l'île de la Compagnie Royale, Hobart-Town et même des points de la Nouvelle-Zélande serviront comme d'utiles stations auxiliaires.

Les *meilleures stations du sud,* dit l'auteur de la Note, combinées avec les meilleures stations du nord, donnent une différence de durée qui n'atteint pas moins de 36 minutes.

Mais nous pensons qu'il n'est nullement nécessaire d'essayer d'établir des stations à la *Terre Victoria* ou à la *Terre d'Enderby,* et l'on aura suffisamment de stations en 1874, ainsi que le montre notre tableau n° I, pour appliquer utilement la méthode de HALLEY, *si les observations sont faites avec précision.*

En ce qui concerne, au point de vue de la méthode de HALLEY, la valeur du passage de 1874, comparée à celle du passage de 1882, dont nous n'avons pas cru devoir nous occuper dans ce travail, l'auteur de la Note, insérée dans les *Monthly Notices,* fait remarquer que pour le passage de 1882 le maximum de la différence des durées observées sera de 28 minutes, ainsi que l'a constaté l'astronome royal d'Angleterre.

Si nous supposons, dit l'auteur, la *valeur* d'un passage relativement à la méthode de HALLEY, *directement proportionnelle* à la différence des durées observables, la valeur du passage de

1874 est à celle du passage de 1882 comme 36,5 est à 28, ou comme 9 est à 7.

Mais si l'on admet que la *lenteur* de l'entrée diminue, *au point de vue de l'observation des contacts,* la valeur du passage, précisément dans la proportion avec laquelle cette lenteur augmente le *maximum* de la différence absolue des durées, l'auteur trouve que la *valeur* du passage de 1874 est les $\frac{6}{7}$ de celle du passage de 1882. Il pense que la vérité est entre ces deux résultats et il en conclut que la valeur du passage de 1874 est *supérieure* à celle du passage de 1882 (¹) dans la proportion de 15 à 14, et certainement supérieure à celle du passage de 1769.

La méthode de HALLEY, pour la recherche de la parallaxe solaire, est très-applicable, dit-il, au passage de 1874, et c'est d'elle qu'on doit attendre les résultats les plus satisfaisants.

Pour compléter cet examen un peu détaillé du *choix des stations,* soit relativement à la méthode de HALLEY, soit relativement à la méthode de DE L'ISLE, nous croyons utile de mettre encore sous les yeux du lecteur quelques considérations supplémentaires, publiées par M. PROCTOR dans les *Monthly Notices* de juin 1869, qui sont accompagnées de quatre tableaux dans le genre de ceux que nous avons donnés et contenant un certain nombre de stations du globe relatives aux *entrées* et aux *sorties accélérées* ou *retardées,* déduites de quatre cartes, semblables à celles de M. AIRY, dressées avec le plus grand soin et par les méthodes que nous avons données en dernier lieu, mais relativement seulement aux *contacts internes.* Disons que ces tableaux s'accordent entièrement avec ceux que nous avons donnés.

Ces nouvelles considérations ont pour but non-seulement de procéder à un examen détaillé des circonstances du passage de

---

(¹) Ce qui indique une exception à cette règle, indiquée par quelques astronomes, que lorsque deux passages sont séparés par *huit ans* d'intervalle le *premier* est moins favorable que le *second* à l'application de la méthode de HALLEY.

1874, mais encore de faire voir : 1° combien il est important de rechercher la plus grande exactitude dans le choix des stations ; 2° que ce choix doit être guidé par le *genre de contact* que l'on veut observer ; 3° enfin que la phase des contacts *internes* prise pour base de tout le travail est celle qui convient le mieux.

L'auteur fait d'abord remarquer qu'une raison assez décisive pour appliquer un mode d'examen relativement sévère à toutes les circonstances du passage, c'est que l'on a avancé qu'il y avait quelque incertitude sur l'époque *exacte* de la *conjonction inférieure* de Vénus et sur la distance qui, à ce moment, séparera leurs centres.

Nous pensons que cette erreur, si elle existe, ne peut être que très-minime, grâce à l'exactitude des Tables de Vénus et du Soleil publiées par M. Le Verrier.

Du reste M. Proctor pense, lui aussi, que l'effet de cette erreur sur le passage de Vénus ne peut être que très-peu considérable, soit qu'on l'envisage d'une manière absolue, soit qu'on le considère relativement aux autres sources d'erreurs qu'il est au pouvoir des astronomes d'amoindrir ou d'écarter.

Mais, quel que soit l'effet de cette cause, il semble évident à l'auteur de la Note que les erreurs possibles qui peuvent en résulter, soit sur l'*instant* des phases, soit sur les *angles de position*, doivent être considérées comme de nouvelles raisons pour obtenir, d'un autre côté, la plus grande exactitude.

Il est évident, en effet, dit-il, que, si des erreurs résultant d'un manque de sagacité ou d'exactitude dans les considérations relatives au choix des stations venaient à s'ajouter aux erreurs provenant de l'inexactitude *supposée* des Tables planétaires, il pourrait arriver que les conclusions auxquelles on serait conduit affectassent d'une manière appréciable la réussite des observations à faire relativement au passage.

Comme le choix des stations dépend, dans certains cas, de considérations assez délicates, l'auteur pense que la seule base, pour un choix *convenable* de stations, est la détermination, avec autant d'exactitude qu'on peut en avoir, *des circonstances sur lesquelles la phase choisie* sera vue à des points différents du globe. Cette détermination peut se faire très-brièvement, ainsi que nous l'avons vu, par des considérations graphiques qui résultent des sections imaginées dans les cônes *extérieur, moyen* et *intérieur*, perpendiculairement à l'axe de ces cônes et à la distance à laquelle se trouve Vénus.

L'auteur pense que les contacts *internes* sont les seuls pouvant être observés avec une précision suffisante, et c'est ce qui l'a fait considérer seulement cette phase dans le choix des stations.

« Il est cependant question, ajoute-t-il, que les astronomes français observeront les contacts *externes*. Il serait alors convenable, dans ce cas, que le choix des stations fût fait relativement aux contacts *externes*. » C'est sans doute pour cela que la circulaire publiée par le *Nautical Almanac*, relativement au passage de Vénus en 1874, donne, pour un très-grand nombre de stations (46), les heures des contacts *externes, internes,* celle du milieu du passage, la plus courte distance des centres, la *hauteur du Soleil* au moment de chaque phase, l'azimut du Soleil et l'angle de position, compté du nord, et aussi de la verticale.

L'astronome anglais fait remarquer que le contact *externe* a lieu environ *une demi-heure* avant le contact *interne;* il est donc nécessaire que les stations, pour observer l'*entrée retardée* par exemple, soient déterminées relativement aux contacts *externes,* si c'est un *sine quâ non* que ces contacts soient observés.

Si une pareille station, en effet, était *choisie* en se rapportant au contact *interne,* avec une élévation du Soleil suffisamment modérée (nécessairement peu après son lever), il est évident qu'à l'époque du contact *externe* le Soleil *serait trop bas.* Des considérations analogues s'appliquent évidemment aux observations relatives aux sorties *accélérées.*

Pour ces deux raisons, dit M. Proctor, la considération *simul-tanée* des *deux phases* est inadmissible, et quoi que les contacts *externes* puissent offrir un certain avantage, relativement à l'aug-mentation de durée, en les admettant *aussi facilement observables* que les contacts *internes*, encore faut-il que les stations soient choisies en se rapportant strictement à cette dernière phase, si on l'admet de beaucoup la plus avantageuse des deux.

Nous croyons inutile de nous étendre sur les considérations à l'aide desquelles M. Proctor essaye de démontrer qu'il est au moins possible que la méthode de Halley soit appliquée de ma-nière à donner au passage de 1874, *d'une manière absolue*, le meilleur moyen d'obtenir la distance réelle du Soleil à la Terre.

En terminant ce qui est relatif au choix des stations, nous voyons que les indications fournies par le Bureau des Longi-tudes de France et par l'astronome royal d'Angleterre, quoique déduites de méthodes approchées, s'accordent suffisamment avec celles obtenues par des méthodes plus rigoureuses.

Voici donc ce qui paraît devoir avoir lieu au point de vue des stations principales bien établies pour le passage de 1874 :

Des astronomes anglais seront sans doute envoyés à *Alexan-drie*, aux îles *Kerguelen*, *Rodrigues*, *Sandwich* et *Auckland* ; les Allemands enverront des observateurs au *Japon*, aux îles *Kerguelen*, *Auckland* et *Maurice* ; la Russie observera dans la *Sibérie*, et la France, sur l'avis du Bureau des Longitudes, éta-blira ses stations à l'île *Saint-Paul*, à *Yokohama*, *Nouméa*, *Mascate*, *Suez* et probablement à la *Réunion*.

Révision des longitudes.

Puisque la méthode de de l'Isle exige que les longitudes des stations soient déterminées avec une grande exactitude, il n'est pas sans intérêt de rappeler les méthodes à l'aide desquelles cette détermination peut se faire.

Celle qui nous paraît la plus praticable pour les stations éloignées, ne pouvant pas se relier à des points voisins ayant une longitude bien connue, est la méthode de la *détermination de l'ascension droite de la Lune* par l'observation du passage d'un de ses bords aux fils méridiens d'une *lunette méridienne portative*.

Mais il faut avoir soin, dans la recherche de l'heure temps moyen du lieu, relative au passage du bord de la *Lune,* d'effectuer avec soin toutes les corrections relatives à la *non-coïncidence* du plan décrit par l'axe optique *sans collimation* de la lunette avec le plan méridien.

Une série d'observations de ce genre peut donner la longitude à *une* ou *deux* secondes près.

Le Bureau des Longitudes s'est déjà préoccupé depuis longtemps de la détermination exacte de la longitude des stations. M. le lieutenant de vaisseau Fleuriais et M. l'ingénieur-hydrographe Germain ont déjà obtenu des longitudes suffisamment exactes d'un certain nombre de points renfermant plusieurs stations, dont fait partie *Yokohama,* relatives au passage de Vénus en 1874 et 1882. Les stations des îles Amsterdam et Saint-Paul pourront être reliées chronométriquement avec l'île de la Réunion.

En ce qui concerne les stations anglaises, M. Airy pense que, relativement à *Alexandrie,* il faut s'appuyer sur la transmission de l'heure de *Greenwich,* soit en envoyant de nombreux chronomètres par les bâtiments à vapeur qui font des voyages réguliers entre les ports d'*Angleterre* et *Alexandrie,* soit par un signal télégraphique transmis au moyen de la communication électrique *si désirée*. La station française *Suez* est dans le même cas qu'*Alexandrie*.

Le temps local relatif aux contacts, c'est-à-dire l'état des pendules doit être obtenu par un instrument envoyé dans ce but à chaque station, soit une lunette méridienne pour les passages méridiens, soit un *altazimut* pour les distances extra-méridiennes.

En ne tenant pas compte du travail de réduction des observations, qui est plus considérable avec l'un des instruments qu'avec l'autre, M. Airy préfère l'altazimut.

On devra employer l'instrument portatif le plus grand possible, avec des cercles d'environ 40 centimètres de diamètre, et muni de quatre microscopes pour la lecture du cercle vertical, deux étant insuffisants pour détruire l'effet de la forme ovale. M. Airy pense que chaque station devra posséder un instrument des deux genres.

Les stations de la *Nouvelle-Zélande* pourront être reliées, au moyen de bons chronomètres, avec *Sydney* et *Melbourne*, dont les longitudes sont bien déterminées.

Pour *Woahoo* et l'île de *Kerguelen*, il sera nécessaire de faire usage des mouvements de la Lune, c'est-à-dire de la méthode que nous avons indiquée ci-dessus, ou de celle de MM. Nicolaï et Baily s'appuyant sur la comparaison des heures temps moyen du passage méridien du bord éclairé de la Lune et d'une étoile voisine, ou enfin des occultations d'étoiles par la Lune. M. Airy pense, en effet, que la dépense serait trop grande s'il fallait envoyer spécialement des bâtiments à vapeur, munis de bons chronomètres, de *San Francisco* à *Woahoo* et du cap de *Bonne-Espérance* à l'île de *Kerguelen*.

L'astronome royal d'Angleterre admet qu'en prenant une *centaine* de passages de la Lune, également partagés entre le premier et le dernier quartier, l'erreur probable de la longitude qui en résultera sera environ trois fois l'erreur probable avec laquelle on obtient l'instant d'un passage d'étoile, c'est-à-dire, en donnant une très-large étendue à cette erreur, qu'elle sera au-dessous d'*une* seconde de temps, approximation très-suffisante.

Une centaine de passages du bord éclairé de la Lune peut s'obtenir en une année avec une lunette méridienne portative, ou peut-être en *trois mois*, par des passages verticaux obtenus avec l'altazimut.

Il est évident que ces observations devront être faites par un observateur compétent et consciencieux. Il y aura avantage à faire effectuer ces déterminations avant le passage, parce que les calculateurs pourront avoir tous les matériaux nécessaires une fois le passage effectué.

M. Airy demande que les observatoires temporaires installés par l'Angleterre pour l'observation du passage soient munis d'un altazimut, d'une pendule, de plusieurs chronomètres, de plusieurs lunettes et d'une ou deux tentes.

Ainsi que nous l'avons déjà dit, la France établira probablement au moins trois stations de première classe, c'est-à-dire dans lesquelles l'entrée et la sortie pourront être observées, et au moins deux stations de deuxième classe, dans lesquelles l'entrée et la sortie seront seules observées.

Chaque station de première classe contiendra sans doute deux lunettes de $0^m,16$ d'ouverture, avec pied parallactique, micromètres, etc., une pendule sidérale, une montre marine et un compteur à arrêt; un cercle méridien portatif et accessoires, une cabane en bois avec travée méridienne, piles et relais, des baromètres, des thermomètres et enfin un appareil héliographique.

Dans les stations de deuxième classe, une seule lunette suffira.

VI. — De l'observation du passage de Vénus en vue d'obtenir la parallaxe solaire.

Nous avons vu que, soit par la méthode de Halley, soit par la méthode de de l'Isle ou celle des équations de condition, mais à la condition, dans ces deux derniers cas, de connaître exactement les longitudes des stations, on pouvait déduire la *parallaxe solaire* des heures notées dans des stations choisies au moment des contacts *internes* ou *externes* d'un *passage de*

Vénus, si ces heures étaient déterminées avec UNE EXACTITUDE SUFFISANTE, c'est-à-dire à 5 secondes près environ.

Toute la réussite de la détermination *exacte* de la parallaxe du SOLEIL, *au moyen d'un passage de Vénus,* repose donc sur la PRÉCISION avec laquelle on détermine les instants où le disque de Vénus est tangent *intérieurement* ou *extérieurement* au disque du *Soleil.*

Plusieurs causes viennent, ainsi que nous allons le voir, compliquer tellement la question de l'observation des contacts, observation que HALLEY supposait devoir être très-simple, que cette détermination rigoureuse, en vue des passages de 1874 et de 1882, est devenue depuis quelque temps une préoccupation très-sérieuse des astronomes et que l'on se demande, à l'heure qu'il est, si les méthodes de HALLEY ou de DE L'ISLE pourront jamais donner l'approximation qu'elles semblaient promettre.

L'observation du passage de Mercure sur le Soleil, le 4 novembre 1868, a fourni en effet des désaccords effrayants entre les instants des contacts notés par les observateurs les plus habiles et munis des meilleurs instruments.

Nous allons examiner brièvement la précision que l'on peut espérer pouvoir atteindre dans la détermination de l'heure temps moyen du lieu à laquelle un contact, soit externe, soit interne, paraît à un observateur exister géométriquement.

Nous croyons d'abord utile d'étudier l'influence de la réfraction atmosphérique, relative à l'instant d'un contact.

Pour simplifier cette recherche, nous allons supposer Vénus réduite presque à un point mathématique, et voir si la présence de l'atmosphère change le moment où un observateur voit ce point, mobile dans l'espace, en contact avec le contour du Soleil.

Au moment d'un passage, Vénus ne se voit que négativement sur le disque solaire, c'est-à-dire qu'elle intercepte par son opacité le rayon solaire, qui, sans elle, arriverait à l'œil de l'observateur.

Soit a (*fig.* 27) un point du contour solaire, et O l'œil de l'observateur, supposé d'abord *sans atmosphère*. Si, par son mouvement relatif dans l'espace, Vénus vient se placer en V sur le rayon aO, le point a ne sera plus aperçu.

Fig. 27.

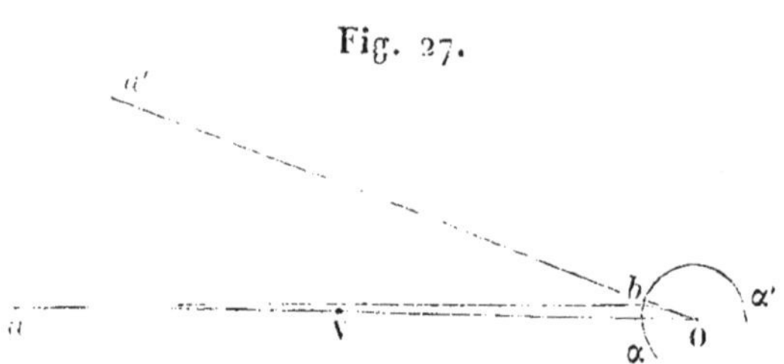

Mais si l'observateur s'entoure d'une atmosphère $\alpha\alpha'$, ce n'est plus, comme précédemment, le rayon aO qui arrivera à l'œil, mais un autre rayon ab, qui, réfracté suivant la courbe bO, fera apercevoir le point a en a', *malgré la présence de Vénus* sur le rayon aO.

Ainsi, sans atmosphère, le point a serait caché par V, il y aurait contact ; avec une atmosphère, le point a ne sera plus caché, il n'y aura plus de contact.

Dans le passage de 1874, il faut *une* seconde de temps pour que Vénus parcoure, sur son orbite relative, un arc d'environ $0'',06$. Il n'est donc pas sans intérêt de savoir si la présence de l'atmosphère ne change pas d'une manière notable l'instant d'un contact, surtout quand, pour obtenir la parallaxe solaire, nous avons besoin de l'instant du contact à cinq secondes de temps près ; autrement dit, si la position apparente de Vénus ne peut pas être altérée par la réfraction, et dans le sens de son mouvement, d'une quantité égale à $0'',3$.

Soit b (*fig.* 28) le point où le rayon ab entre dans l'atmosphère. Joignons bO.

Dans le triangle baO, on a

$$\frac{\sin ba\mathrm{O}}{\sin b\mathrm{O}a} = \frac{b\mathrm{O}}{ab},$$

ou, à cause de la petitesse des angles $ba\mathrm{O}$ et $b\mathrm{O}a$,

$$\frac{ba\,\mathrm{O}}{b\mathrm{O}a} = \frac{b\mathrm{O}}{ab}.$$

L'angle $b\mathrm{O}a$ est plus petit que la réfraction $a'\mathrm{O}a$ que subit

Fig. 28.

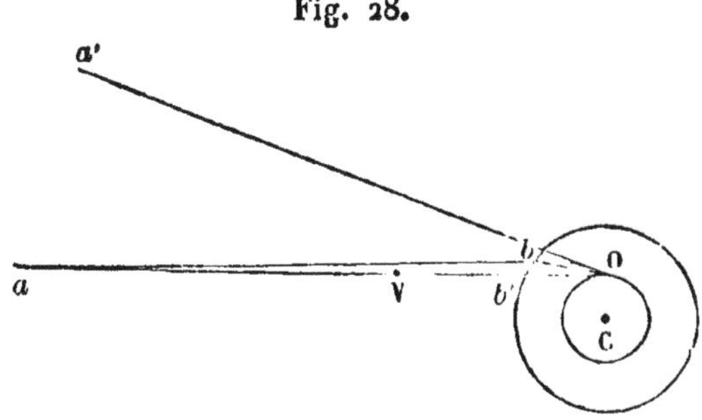

le point a; nous pouvons donc écrire, en appelant R cette réfraction,

$$ba\mathrm{O} < \mathrm{R}\,\frac{b\mathrm{O}}{ab}.$$

Si l'astre est près de l'horizon, ce qui est le cas pour que l'effet
de la parallaxe soit suffisant, $b\mathrm{O}$ est sensiblement égal à

$$b'\mathrm{O} = \sqrt{2r\mathrm{H} + \mathrm{H}^2},$$

en appelant r le rayon de la Terre et H la hauteur de l'atmosphère.

En supposant H = 100000 mètres, on trouve $b'\mathrm{O} = 0,18$ du
rayon de la Terre. Comme ab est sensiblement égal à $24000r$,
nous avons donc

$$\text{angle } ba\mathrm{O} < \mathrm{R} \times \frac{0,18}{24000} = \mathrm{R} \times 0,0000075;$$

à l'horizon, avec R $= 33'47''$, on a

$$ba\mathrm{O} < 0'',015.$$

Sans atmosphère, le contact arriverait quand Vénus, supposée réduite à un point, viendrait rencontrer l'*une* des génératrices de la surface conique dont le sommet est à l'œil de l'observateur et qui enveloppe le Soleil.

Avec l'atmosphère, le contact arrivera quand Vénus viendra rencontrer l'une des génératrices de la surface conique *brisée* dont le sommet est aussi à l'œil de l'observateur, et dont chaque génératrice fait, au Soleil, un angle plus petit que $R \times 0{,}0000075$ avec les génératrices du cône idéal.

Le changement que cela peut apporter dans l'instant d'un contact dépend évidemment de la direction du mouvement de Vénus dans l'espace, relativement au déplacement angulaire des rayons lumineux produit par l'atmosphère. Quand Vénus cache à l'observateur le point a, c'est qu'elle se trouve *sur le rayon réfracté ab*O. Le point a, qui était vu en a', n'est plus aperçu : on croit Vénus en V' (*fig.* 29).

Fig. 29.

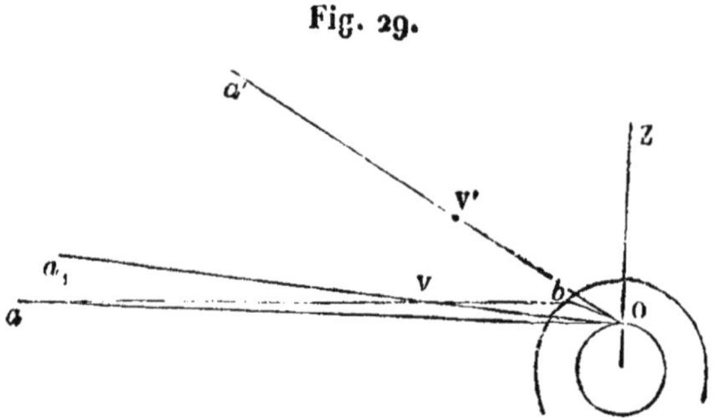

Vénus est donc en réalité *au-dessus du point a* de la quantité angulaire VOa. Le triangle VaO donne

$$\frac{\sin \mathrm{VO}a}{\sin \mathrm{V}a\mathrm{O}}, \quad \text{ou simplement} \quad \frac{\mathrm{VO}a}{\mathrm{V}a\mathrm{O}} = \frac{\mathrm{V}a}{\mathrm{VO}} = \frac{7}{3},$$

d'après la distance de Vénus au Soleil.

Donc

$$\mathrm{VO}a = \mathrm{V}a\mathrm{O} \times \frac{7}{3} < \frac{\mathrm{R} \times 0,0000075 \times 7}{3} = \mathrm{R} \times 0,0000175;$$

à l'horizon

$$\mathrm{VO}a < 0'',035.$$

Si $\mathrm{S}a\mathrm{S}$ (*fig.* 3o) est une portion du contour *réel* du disque solaire, au moment où Vénus parait en V′ sur le point a' du contour apparent S′a'S′ du Soleil, sa *position vraie* dans l'espace

Fig. 3o.

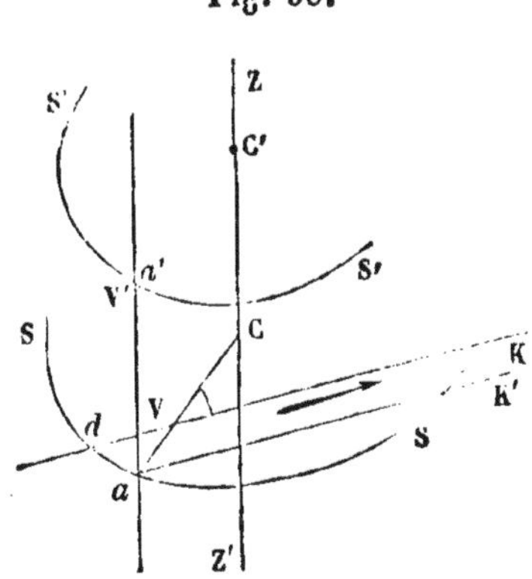

n'est donc pas en a, mais bien en V, dans le vertical du point a et à une distance angulaire $\mathrm{V}a = \mathrm{R} \times 0,0000175$.

Alors si dVK est la direction du mouvement relatif de Vénus, le contact (sans atmosphère) aurait donc eu lieu en d, et la différence qui existe entre le temps du contact *réel* et le temps du contact apparent est égale au temps que Vénus met à parcourir le petit arc dV.

Le petit triangle dVa (considéré comme rectiligne) donne

$$\frac{d\mathrm{V}}{\mathrm{V}a} = \frac{\sin da\mathrm{V}}{\sin \mathrm{V}da} = \frac{\cos a\mathrm{CZ'}}{\cos \mathrm{C}a\mathrm{K'}},$$

d'où

$$dV = Va\frac{\cos a\,CZ'}{\cos C\,a\,K'} < R \times 0,0000175\,\frac{\cos a\,CZ'}{\cos C\,a\,K'}.$$

En appelant n la vitesse de Vénus sur son orbite relative, dans une seconde de temps, on aura, pour le temps dt cherché,

$$dt < \frac{R \times 0,0000175}{n} \times \frac{\cos a\,CZ'}{\cos C\,a\,K'};$$

$a\,CZ'$ est l'angle que fait le rayon qui va au point de contact, avec le cercle vertical du Soleil; $C\,a\,K'$ est l'angle que fait ce même rayon avec la direction du mouvement relatif de Vénus. Ces deux angles peuvent être facilement déterminés par le calcul. Comme

$$n = 0'',6 \text{ environ (en } 1874),$$

on a, à l'horizon,

$$dt < 0^s,5 \times \frac{\cos a\,CZ'}{\cos C\,a\,K'};$$

en supposant $a\,CZ' = 0$ et en remarquant que, pour 1874, l'angle $C\,a\,K'$ est égal à 41 degrés environ, on trouve, pour ce passage, $dt < 0^s,67$; donc, en 1874, la réfraction n'altérera pas sensiblement l'instant d'un contact.

Contacts externes. — Bien que le point où Vénus commencera à mordre le Soleil, à l'entrée, soit déterminé préalablement, ainsi que nous l'avons vu, il reste toujours, pour un observateur muni d'une lunette ordinaire, une assez grande incertitude sur le point du limbe solaire où le contact aura lieu, et il ne peut évidemment s'apercevoir de l'entrée de la planète que lorsque Vénus a déjà un peu entamé le disque solaire. Le moment du contact géométrique ne peut donc se faire que par induction et l'heure notée comporte une inexactitude qui, suivant les observateurs, peut varier entre des limites assez étendues.

Le P. Secchi, directeur de l'Observatoire du Collége romain à Rome, et M. Zöllner, astronome allemand, ont proposé chacun une méthode basée sur l'emploi du spectroscope et qui permet de fixer avec plus de précision le point du contact géométrique, sans cependant permettre, disons-le, de constater avec l'exactitude voulue le moment précis de ce contact.

Voici la méthode du P. Secchi :

Le savant astronome italien propose d'appliquer à la lunette un spectroscope ordinaire d'une force dispersive assez forte pour voir toutes les raies de Fraüenhofer bien nettes et les raies D', D″ bien séparées. En plaçant l'image focale de manière à coïncider parfaitement avec le plan de la fente, on verra, d'après la méthode Janssen, les protubérances et la chromosphère solaires.

Le P. Secchi place dans le prolongement du tube portant le spectroscope et à l'intérieur de la lunette un prisme à vision directe, avec son angle dispersif tourné dans le même sens que celui du spectroscope et disposé à une distance de la fente de 20 à 25 centimètres.

« Par cette disposition, dit le savant astronome, on recevra sur la fente, non plus une image nette du Soleil, mais un spectre impur et une image irisée.

» En regardant à travers le spectroscope, réglé comme précédemment pour les raies fines du spectre, on verra, dans le champ de la petite lunette analysatrice, une image solaire irisée aussi et mal terminée.

» En éloignant alors un peu le spectroscope, au moyen des mouvements de l'oculaire de la lunette, il arrivera un moment où l'image solaire sera nette, précise et tranchée au bord, et l'on pourra voir nettement ce bord, avec ses facules et ses taches, s'il y en a, même dans l'intérieur du disque solaire ; en un mot, on verra l'image solaire comme elle serait vue avec un verre coloré des couleurs de l'arc-en-ciel ; seulement cette image sera rayée des lignes de Fraüenhofer et les détails de l'image seront d'autant plus précis que la fente sera plus étroite. »

De cette manière on pourra suivre la planète sur le disque

solaire à son entrée, et, grâce aux raies du spectre, on pourra
être prévenu de l'approche de la planète et du moment où le
contact devra avoir lieu.

Les raies brillantes qui remplacent les raies C et F lorsque
l'image solaire se trouve dans le voisinage de ces raies indique-
ront, par leur situation plus ou moins près du bord solaire, la
présence de la chromosphère et des protubérances solaires. La
raie C de l'hydrogène, par exemple, si l'image solaire est placée
dans le champ de la lunette analysatrice de manière qu'elle soit
un peu en dehors de cette raie, donnera lieu à une raie brillante plus ou moins détachée du bord.

Dans ces conditions, si la planète, dans son mouvement,
vient se placer devant la chromosphère, la raie brillante dont
nous venons de parler paraîtra *interrompue,* et cette portion
disparue de la raie brillante, indiquera la *grandeur de la corde*
du disque de Vénus dont la direction se confond avec la raie
brillante. On comprend donc que, par le mouvement de Vénus,
cette partie éclipsée de la raie brillante augmentera progressivement et l'observateur pourra, en gardant toujours la ligne C
très-voisine du bord solaire, suivre, pour ainsi dire, le mouvement
de la planète et se rendre mieux compte du moment où Vénus
entamera le disque solaire. Il reste seulement à savoir, comme
le dit le P. Secchi, si le diamètre solaire vu spectroscopiquement
est égal au diamètre solaire ordinaire.

Nous avons vu, page 3, que la trajectoire apparente que décrira Vénus, le 8 décembre 1874, sur le disque du Soleil, fera un
angle *assez petit* avec les tangentes menées, aux points de contact, au disque solaire.

Cet angle sera à peu près de 17 degrés.

Cette *obliquité* du bord du Soleil, relativement à la direction
du mouvement de la planète, rend évidemment moins facile la
détermination précise du contact.

La corde traversée sera, pour un observateur supposé au
centre de la Terre, égale environ à 19′30″, et la distance de

cette corde au centre du Soleil sera de 13'32"; c'est-à-dire qu'il ne restera que la *cinquième partie* environ du rayon du disque solaire entre la corde et l'arc.

Vénus mettra environ 13^m40^s à parcourir, sur sa trajectoire, une distance égale à son diamètre (64",2), ou 13 secondes environ à parcourir une seconde d'arc. On comprend alors combien cette lenteur relative doit augmenter les difficultés de déterminer *avec précision* l'instant du contact.

Contacts internes. — DE LALANDE, dans son *Astronomie*, dit que l'instant d'un contact interne peut se mesurer *avec une très-grande précision*, pouvant aller jusqu'à $\frac{1}{5}$ de seconde de temps; et, en faisant l'éloge de la méthode de HALLEY, relativement à cette précision *supposée* des contacts, il fait remarquer que les meilleurs instruments pour les *mesures angulaires* ne peuvent pas les donner à *une* ou *deux* secondes de degré près.

« Au moment où le bord de *Vénus*, ajoute DE LALANDE, touche celui du Soleil pour sortir, le filet de lumière qui reste au bord du Soleil se trouve tranché subitement. On distingue ce filet de lumière, lors même qu'il n'a que $\frac{1}{10}$ de seconde. »

Nous verrons tout à l'heure jusqu'à quel point cette appréciation de DE LALANDE est exacte.

HALLEY, DE PINGRÉ et d'autres astronomes pensaient qu'on ne pouvait se tromper d'*une*, ou au plus, de *deux* secondes de temps sur l'instant des contacts *internes*.

En admettant même que l'erreur puisse, de ce côté, aller à trois ou quatre secondes, nous serions encore en dedans des limites que nous avons indiquées pour l'application heureuse de la méthode de HALLEY ou de celle de DE L'ISLE; mais alors, si, comme le pensaient les astronomes que nous venons de citer, l'erreur sur l'instant des contacts ne peut pas, en pratique, dépasser deux secondes, on ne se rend pas compte comment des observateurs sérieux du dernier passage de Vénus, en 1769, ont pu avoir, *dans le même lieu*, sous les mêmes influences atmosphériques et astronomiques, des différences, dans leurs déterminations *d'un même contact,* allant jusqu'à TRENTE SECONDES DE TEMPS !

Ces grandes différences, qui, malheureusement, se sont présentées dans beaucoup de stations, au siècle dernier, semblent aujourd'hui devoir être attribuées à plusieurs causes atmosphériques, instrumentales ou personnelles, mais principalement à la variabilité du moment où paraît ou disparaît ce filet de lumière dont parle DE LALANDE, et aussi à un phénomène optique qui se présente souvent, au moment d'un contact, et que les astronomes désignent sous le nom de GOUTTE NOIRE ou de LIGAMENT NOIR.

En 1769, les astronomes pensaient avec HALLEY, et c'est même ce qui lui avait donné une si haute idée de sa méthode, que, au moment où le *premier contact* interne cessait d'avoir lieu, le plus mince *filet de lumière* devait apparaître INSTANTANÉMENT, à la gauche de Vénus (lunette ne renversant pas), et que, au moment où le deuxième contact interne avait lieu, un mince *filet de lumière* devait aussi disparaître INSTANTANÉMENT.

L'apparition et la disparition INSTANTANÉE du filet de lumière indiquaient donc, suivant les astronomes de 1769, l'instant *précis* des contacts internes.

Le P. HELL, seul, soutenait, même en 1765, que cette apparition ou disparition *instantanée* n'indiquait pas le moment du contact réel. Il prétendait avec raison que, pour être *perceptible,* ce filet de lumière devait avoir acquis une certaine épaisseur, variant avec la *puissance de la lunette,* et nous pourrions même ajouter avec l'observateur ; par conséquent, deux observateurs, munis de lunettes différentes, pouvaient voir l'apparition du filet de lumière à *des instants un peu différents,* n'indiquant point évidemment l'instant précis du contact réel.

Dans le passage de Mercure sur le Soleil, le 4 novembre 1868, M. Oppolzer, à Vienne, et M. Tremeschini, à Paris, ont remarqué que, huit secondes avant la rupture du filet lumineux, Mercure semblait comme pousser devant lui le bord du Soleil et paraissait entouré d'un arc lumineux. Ayant noté comme moment du contact celui de la disparition de l'arc lumineux, M Oppolzer a remarqué que, dix-sept secondes après, les deux disques paraissaient encore en contact géométrique.

M. FAYE a examiné avec soin quelles sont les conditions qui régissent la visibilité d'un filet de Soleil *isolé* et du filet solaire relatif au passage de Vénus.

Le résultat de son examen a été inséré dans les *Comptes rendus de l'Académie des Sciences* (t. LX).

« Quand le champ de la vision, dit l'illustre académicien, *est à peu près obscur* et l'œil non ébloui, il est bien vrai que le filet solaire le plus mince, ou un point stellaire de o″,oo1 de diamètre, sera parfaitement visible avec les plus faibles lunettes.

» Mais il n'en est plus de même quand le champ est vivement éclairé et l'œil ébloui : alors de simples points où de simples lignes lumineuses disparaissent, tandis que les surfaces d'une étendue appréciable, telles que les planètes, bien moins brillantes toutefois, reprennent l'avantage. Cela tient en grande partie à ce que tout point lumineux isolé apparaît, dans une lunette, avec un disque factice d'un éclat bien inférieur. Pour une surface lumineuse, au contraire, les disques factices des points voisins se recouvrent mutuellement et rétablissent partout, sauf sur les bords, l'intensité normale.

» Celle-ci s'ajoute à la lumière atmosphérique et peut devenir perceptible, même pour un œil émoussé par l'éclat général du champ. Il faut tenir compte ici des ondulations plus marquées dans le voisinage du Soleil; elles font aisément disparaître un simple trait brillant, en disséminant continuellement sa lumière ; mais elles sont loin de produire le même effet sur une surface suffisamment étendue.

» Il en est de même de la dispersion atmosphérique, qui devient très-sensible, sur un filet non vertical, quand on observe à une faible hauteur.

» Dans les passages de Vénus, d'autres causes conspirent avec celles-là, à savoir le décroissement très-rapide d'intensité sur les bords du Soleil, l'interposition de l'atmosphère probable de Vénus, la diffraction produite sur les bords de la planète qui sert d'écran. Ajoutez l'énorme épaisseur horizontale de notre propre atmosphère, que les rayons doivent traverser quand on veut avoir de forts coefficients pour la parallaxe, ainsi que l'emploi forcé d'un verre obscurcissant, et vous admettrez facilement l'opinion que, pour une lunette donnée, le filet solaire doive atteindre une épaisseur d'au moins une seconde, par exemple, avant de devenir perceptible. Alors l'erreur sera de vingt secondes de temps au moins; mais, comme l'intensité du filet va rapidement en croissant, l'impression sur un œil ébloui pourra paraître instantanée. Avec une lunette plus puissante ou pour une station mieux choisie, cette épaisseur nécessaire se réduira sensiblement et il en sera de même de l'erreur. »

Pour améliorer les conditions de visibilité pour une lunette et une station données, M. FAYE propose d'employer le *diaphragme focal*, imaginé par M. DAWES, qui supprime pour l'œil la fatigue et l'éblouissement causés par la contemplation prolongée du disque solaire.

Pour mettre enfin toutes les chances du côté de l'observateur, il engage à se servir d'*un excellent objectif*, à corriger l'effet de l'absorption et de la dispersion atmosphériques, ainsi que l'a proposé M. AIRY, par le *petit prisme compensateur* et un *verre obscurcissant gradué*, et enfin à choisir la station de manière à atténuer, aux dépens du coefficient de la parallaxe, les effets des ondulations d'image dues à l'atmosphère.

Parlons maintenant du phénomène, si important à étudier, et connu sous le nom de *goutte noire*.

Au moment où l'observateur attend, à l'*entrée*, par exemple, l'instant du contact *interne*, le bord du disque de Vénus, au lieu de se séparer immédiatement du bord du Soleil et de laisser voir subitement ce filet de lumière dont nous venons de parler,

S'ALLONGE comme s'il était attiré par le bord du Soleil et un ligament *obscur* et relativement étroit semble réunir les bords des deux astres, ainsi que le montrent les *fig.* 31 et 32; puis,

Fig. 31.

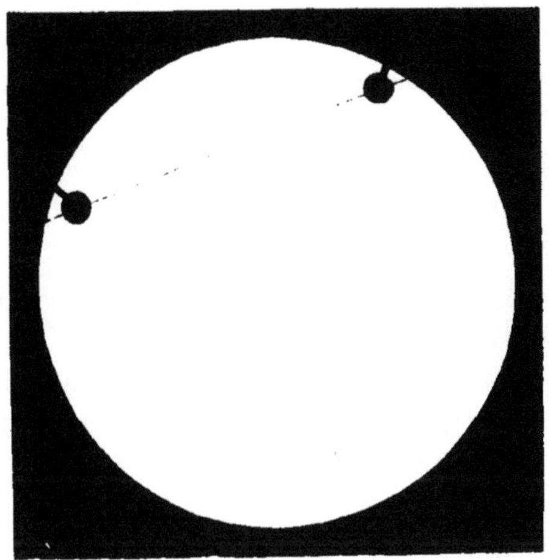

à un moment, *le ligament obscur* se rompt brusquement et le *filet de lumière* apparaît entre les bords de *Vénus* et du *Soleil*.

Fig. 32.

A LA SORTIE, c'est-à-dire au moment du second contact *interne*, le même phénomène se passe, mais en sens *inverse,* et quelquefois sans que les ligaments de l'*entrée* et de la *sortie* aient les mêmes dimensions.

La détermination *précise* des instants des contacts *internes,* ceux que l'on comprend cependant pouvoir être le mieux appréciés, n'est pas, comme on le voit, aussi simple qu'on pourrait le croire, surtout quand il s'agit d'obtenir ces instants pour en déduire la parallaxe solaire.

L'apparition du *ligament noir* a été attribuée, par quelques astronomes, à un effet dû au phénomène optique connu sous le nom d'*irradiation.*

Lorsque notre œil perçoit un disque brillant, circulaire, pour fixer les idées, la *sensation* s'étend un peu au delà du contour de l'image du disque formée sur la rétine. Il s'ensuit alors qu'un disque *brillant sur fond obscur* doit paraître plus grand qu'il n'est, et que, au contraire, un disque obscur sur fond brillant doit paraître plus petit.

Comme conséquence de l'irradiation, certains astronomes pensaient que, la forte lumière émise par le Soleil produisant sur la rétine l'effet de nous faire voir le disque solaire plus grand qu'il n'est réellement, c'est-à-dire de l'augmenter d'un anneau d'une intensité égale, à l'instant où la distance réelle des bords devient nulle, l'effet de l'irradiation s'annule brusquement au point de contact, tandis qu'il subsiste pour le reste des contours; la planète devait donc présenter en ce point une protubérance noire, le Soleil une échancrure obscure, dont la réunion formait le ligament noir.

Le moment de l'apparition ou de la disparition du ligament noir, dans les contacts internes, devait donc, d'après ces astronomes, marquer le moment du contact réel.

Bien que BESSEL et ARAGO aient démontré que l'*irradiation* est insensible dans les lunettes munies d'un bon objectif, les passages de Vénus et surtout de Mercure semblaient indiquer que le phénomène se présente dans un grand nombre de cas non définis. Ainsi, par exemple, à l'observation du passage de Mercure sur le Soleil, le 4 novembre 1868, certains astronomes, les uns munis de mauvais instruments, les autres de bons, ont vu le *ligament noir ;* et d'autres, au contraire, dans des conditions presque identiques, ont vu tout simplement le contact géométrique.

Il était donc de la dernière importance, avant le passage de 1874, de s'éclairer sur cette formation du ligament noir, de faire des expériences sérieuses sur ce sujet, et de chercher le moyen de s'en affranchir.

C'est ce qu'ont fait MM. Wolf et André, astronomes de l'Observatoire de Paris. Nous croyons donc très-utile et très-intéressant, dans un travail du genre de celui que nous avons entrepris, de faire connaître les recherches importantes de ces deux astronomes.

Ainsi que le dit M. Wolf dans le Mémoire qu'il a publié sur ce sujet, dans la *Revue scientifique* du 20 avril 1872, les questions à résoudre étaient celles-ci :

« 1° Le ligament noir est-il un phénomène nécessaire, comme le veut la théorie de l'irradiation ?

» 2° Son apparition marque-t-elle l'instant du contact *réel ?*

» 3° Si ce phénomène n'est qu'un accident, quelle en est la cause, comment peut-on l'éviter, et alors quel degré d'approximation peut-on espérer dans l'observation des contacts ? »

Pour arriver à résoudre ces questions, MM. Wolf et André ont entrepris une série d'expériences qui ont jeté un jour considérable sur le phénomène encore si peu expliqué.

« Il est facile de reproduire artificiellement, dit M. Wolf, les conditions d'un passage de Mercure et de Vénus sur le Soleil. Pour représenter ce dernier astre, on découpe dans un écran opaque une ouverture circulaire d'un diamètre déterminé par la distance à laquelle on veut observer, et l'on éclaire fortement cette ouverture à l'aide d'une source de lumière très-vive.

» Un petit disque opaque et noirci se meut devant cette ouverture, entraîné par un chariot d'une machine à diviser, et peut venir toucher le bord du Soleil et même disparaître derrière l'écran qui figure le fond du ciel. »

MM. Wolf et André ont d'abord examiné cette mire, placée à une certaine distance, avec une lunette semblable à celle des observateurs du passage de 1769. Ils ont pris pour cela une lunette de *Dollond*, de 1 mètre de foyer et de 10 centimètres d'ouverture, qu'ils ont diaphragmée à 6 centimètres.

Ils ont alors constaté que, lorsque le petit disque opaque se rapproche du contour de l'ouverture circulaire éclairée de l'écran, un petit filament obscur, *qui précède de beaucoup l'instant du contact vrai* (ce qui représente une *sortie*), apparaît entre les parties les plus voisines et s'assombrit rapidement en s'élargissant.

L'apparition de ce filament obscur peut avoir lieu quand la distance angulaire réelle des bords est d'environ une seconde d'arc. Dans les mêmes conditions de distance angulaire, il faudrait environ vingt-cinq secondes de temps à Vénus pour arriver au contact réel.

MM. Wolf et André reproduisirent de cette manière, avec toutes leurs circonstances, le phénomène de la formation et de la rupture du ligament noir, observé dans les passages de Mercure et, par un grand nombre d'astronomes, dans le passage de *Vénus*, en 1769.

Les expérimentateurs enlevèrent le *diaphragme* et, renouvelant leurs expériences, ils constatèrent que le ligament noir apparaissait plus *tard* et disparaissait plus *tôt*.

Cependant si l'irradiation existe dans les lunettes, le ligament devait se montrer toujours, et même plus nettement accusé une fois le diaphragme enlevé ; et sa formation, d'après la théorie de l'irradiation, eût dû indiquer l'instant du *contact réel*.

MM. Wolf et André en conclurent que le phénomène d'irradiation n'existe pas dans les lunettes, conclusion analogue à celles formulées par Bessel, Arago et Foucault, et que l'appa-

rition du ligament noir est un phénomène accidentel, ne se
produisant pas nécessairement, mais qui, troublant le phénomène du contact, peut induire l'observateur en erreur.
M. WOLF s'est cru même en droit d'affirmer que le phénomène
de l'*irradiation*, c'est-à-dire de l'extension sur la rétine de la
sensation lumineuse, autour du point directement impressionné,
n'existe jamais, même à la vue simple, ou du moins qu'il ne se
présente que lorsque l'objet considéré est en dehors des limites
de la vue distincte, c'est-à-dire quand il est trop près ou trop
loin de l'œil.

« Dans ces conditions, dit-il, il se forme au fond de l'œil des
images multiples, en raison de l'existence, sur la cornée et dans
le cristallin, de régions opaques qui divisent les faisceaux, de
sorte que ceux-ci ne se réunissent en un point sur la rétine
que lorsque cette rétine se trouve exactement au foyer de l'appareil oculaire. Ce sont ces images multiples de l'objet lumineux
qui se confondent en partie, en augmentant en apparence les
dimensions, et le font *déborder* sur le fond plus sombre qui l'en-
vironne. »

Ayant reconnu que le ligament noir est un phénomène étranger
à l'irradiation, MM. WOLF et ANDRÉ cherchèrent la cause de
son apparition et les conditions dans lesquelles il se forme.

Ils répétèrent avec un objectif de MERZ, de 25 centimètres
d'ouverture et de bonne qualité, l'expérience faite avec la lunette
de DOLLOND. Le contour du petit disque représentant Vénus et
la partie de l'écran voisine de *l'ouverture éclairée représentant
le Soleil* parurent, dit M. WOLF, *lavés* de lumière jusqu'à une
certaine distance. « Le filet lumineux qui sépare les deux bords
voisins, perdant une partie de sa lumière qui se *répand* d'un
côté sur le fond du ciel, de l'autre sur la planète, devient peu à
peu moins brillant que le reste du Soleil, un obscurcissement
(*relatif*) envahit le ciel, le Soleil et la planète, dans la région
où le contact va se produire, et au moment même du contact,
toute lumière ayant disparu entre les bords, *un espace sombre*

remplace, sur la planète et sur le fond du ciel, la lumière qui s'y trouvait tout à l'heure diffusée. Il se passe donc là, ajoute M. **Wolf**, quelque chose d'analogue au ligament noir : des yeux prévenus pourront signaler l'apparition de ce ligament, et cependant l'observateur aura noté, comme moment du contact, un temps qui ne différera que très-peu du moment réel. »

Ainsi, au lieu d'attribuer le phénomène du ligament noir à l'effet de l'irradiation, phénomène qui diminuerait en apparence les dimensions de Vénus au profit du contour lumineux qui l'enveloppe, M. *Wolf* l'attribue à une *aberration* un peu forte *due à l'objectif* qui, au lieu de concentrer toute la lumière qu'il reçoit dans une image géométriquement définie, en *éparpille une portion notable en dehors de cette image ;* et comme cet éparpillement cesse au point de contact géométrique, un trait sombre semble lier les deux bords voisins. « Cette diffusion de la lumière en dehors de l'image théorique provient, dit M. **Wolf**, de ce que la partie centrale de l'objectif ne fait pas converger les rayons au même lieu que la partie marginale ; en supprimant celle-ci vous supprimez la cause de la diffusion : aussi l'application d'un diaphragme convenable sur l'objectif de *Merz* ramène l'image à une apparence plus satisfaisante. »

Les expériences faites en effet, à ce sujet, par les deux astronomes, leur ont démontré que l'objectif *diaphragmé* donnait des images dont les parties *lavées de lumière* étaient bien moins étendues et présentaient des contours mieux terminés.

On peut même arriver à avoir le disque de la planète bien noir et ne paraissant avoir son bord aucunement lavé de lumière ; il suffit de *pointer* l'oculaire, non plus sur le plan focal de l'objectif, mais sur un plan déterminant, dans le faisceau des rayons réfractés, *la plus petite section possible,* c'est-à-dire de pointer l'oculaire sur le plan d'aberration *minimum.*

« Le disque de la planète, dit M. **Wolf**, est alors bien noir, mais *plus petit* que dans le plan focal, et le contour du Soleil est élargi. Lorsque la planète se rapproche du bord du Soleil, la lumière du *filet* de séparation répandue d'une part sur la portion disparue du contour de la planète, de l'autre sur le contour élargi du Soleil, diminue très-rapidement. Les franges qui, en réalité, bordent les images, mais étaient noyées dans la lumière d'aberration, réapparaissent très-larges et occupent tout l'intervalle des bords apparents; c'est là ce qui, avec un objectif très-large et assez parfait encore, représente les éléments constitutifs du ligament noir. »

M. Wolf attribue donc la formation du ligament noir, se faisant voir *bien avant que le contact réel se produise*, à l'emploi d'un objectif très-fortement affecté d'aberration et diaphragmé, et d'un oculaire pointé sur le plan d'aberration minimum, surtout si à ces conditions défectueuses viennent se joindre les ondulations de l'image produites par les courants atmosphériques.

Ayant ainsi constaté par quels défauts de l'objectif et du pointage défectueux de l'oculaire on pouvait produire, près des bords en contact, cet espace moins lumineux que le fond du Soleil sur lequel il se projette et qui paraît noir par l'effet de contraste, MM. Wolf et André ont entrepris des expériences pour bien définir les circonstances dans lesquelles il faut se placer pour observer le moment du contact réel avec la précision que réclament les observations d'un passage de *Vénus*.

La mire représentant Vénus et le Soleil a été placée dans la salle de la Bibliothèque au Luxembourg, et à 1300 mètres de là, à l'Observatoire, les lunettes ont été disposées.

M. André faisait mouvoir le disque mobile figurant Vénus, et un signal, partant de l'Observatoire, lui indiquait le moment exact où M. Wolf estimait que le contact avait lieu.

Il notait alors la position du disque et mesurait, à l'aide de la machine à diviser, la distance qui séparait cette position de celle correspondant au *contact réel,* position indiquée par la fermeture d'un circuit électrique.

En se servant d'un télescope de L. Foucault à miroir argenté de 20 centimètres d'ouverture, ou d'un objectif de Foucault de 24 centimètres, l'erreur ne s'est pas élevée à *un dixième de seconde d'arc*, ce qui correspondrait à une ou deux secondes de temps dans l'observation d'un passage de *Vénus*.

En faisant usage de différents objectifs plus ou moins diaphragmés, les deux observateurs ont cru pouvoir déduire de ces premières expériences sérieuses que l'on pouvait, dans l'observation des passages de Vénus et de Mercure sur le Soleil, obtenir, avec une précision *presque géométrique*, l'instant du contact *réel*.

Les expériences du Luxembourg et de l'Observatoire, reprises dans ces derniers temps avec un appareil perfectionné, sous le patronage et avec l'aide de la Commission chargée par l'Académie des Sciences de préparer l'expédition pour le prochain passage de *Vénus*, ont conduit les astronomes dont nous venons de rappeler succinctement les recherches importantes aux conclusions suivantes :

1° Une éducation spéciale est nécessaire pour amener un observateur à estimer d'une manière constante le phénomène des contacts. Cette éducation se fait rapidement à l'aide de l'appareil imaginé pour les expériences que nous venons de rapporter ; *mais il persiste entre les différents observateurs des différences à peu près constantes et* ASSEZ CONSIDÉRABLES, *surtout dans l'estime du moment des deux contacts extérieurs.*

2° Un observateur exercé peut, par des circonstances atmosphériques favorables et à l'aide d'un objectif suffisamment parfait et d'environ 20 centimètres d'ouverture, apprécier les contacts intérieurs avec une approximation allant à $\frac{2}{10}$ de seconde de temps.

3° Un grossissement de cent à deux cents fois est suffisant pour cette observation, et il n'y a pas d'intérêt à le prendre plus fort.

4° Les ondulations des images, produites par l'atmosphère, rendent l'observation plus difficile et moins précise ; mais, à moins de circonstances très-défavorables, l'erreur commise ne dépasse pas quatre ou cinq secondes de temps sur le moment des contacts intérieurs.

5° Si l'objectif a une ouverture moindre que 15 centimètres et surtout s'il est affecté d'aberration, le filet lumineux qui sépare la planète du bord du Soleil s'assombrit dès qu'il est suffisamment mince, et il peut en résulter des erreurs considérables sur l'appréciation des contacts.

6° Il est d'une grande utilité de se servir d'un enregistreur électrique pour noter les contacts, ainsi qu'on a pu le constater dans toutes les expériences faites au Luxembourg.

Comme, d'après ce que le lecteur peut comprendre maintenant, la difficulté d'obtenir avec l'exactitude rêvée la parallaxe solaire, au moyen des observations d'un passage de Vénus, réside DANS LA PRÉCISION DE L'OBSERVATION DES CONTACTS, nous ne croyons pas inutile de mentionner ici les recommandations faites par M. J. STONE, premier astronome adjoint à l'Observatoire de GREENWICH, au sujet de la méthode à suivre dans l'observation des contacts.

M. STONE engage les observateurs du passage de 1874 à suivre les indications suivantes :

1° Noter avec soin les instants précis de *la formation* du ligament noir, qu'il suppose correspondre au moment du contact *réel*, et du moment où les limbes de Vénus et du Soleil paraissent en contact, moment qui serait celui du contact *apparent*; il nomme ces deux instants les *deux phases* du contact.

2° Donner un dessin représentant, aussi exactement que possible, la largeur relative du *ligament noir*, comparée au diamètre de Vénus, quand il est vu au moment de l'entrée et au moment de la sortie.

3° Employer une lunette grossissant cent cinquante fois environ.

4° Et enfin rédiger toutes les notes pouvant donner des indications certaines sur les circonstances dans lesquelles les observations seront faites.

L'astronome royal d'Angleterre et les astronomes adjoints de l'Observatoire de Greenwich pensent que les lunettes employées dans les différentes stations doivent être à peu près semblables. Elles doivent avoir un objectif de 10 à 13 centimètres d'ouverture et un grossissement de cent vingt à deux cents fois.

Lorsqu'il y a plusieurs lunettes à une même station, quelques différences entre elles peuvent néanmoins être avantageuses.

La protection de l'œil contre la brillante lumière du Soleil et l'annulation de la dispersion atmosphérique demandent une attention spéciale.

« D'après ma propre expérience, dit M. Airy, dans l'observation des éclipses totales et d'après ce que j'ai vu de Mercure, dans le dernier passage, je puis établir d'une manière positive que l'on gagne beaucoup dans la clarté des contours, en employant un *prisme coloré* achromatique mis en place par l'observateur. La dispersion atmosphérique entre très-sérieusement dans la question d'une observation exacte ; or la véritable nature d'un phénomène, qui doit faire ressortir les effets maxima de la parallaxe, exige que la planète immerge ou émerge dans la partie la plus haute ou la plus basse du limbe solaire, et que le Soleil ne soit pas trop élevé. Or aucune circonstance ne peut être imaginée dans laquelle la dispersion atmosphérique soit plus sensible. Pour éviter autant que possible cette dispersion, il faudra faire usage d'abat-jour colorés qui, comme dans l'examen du spectre solaire, absorbent la fin du spectre, laissant le vert prédominant. »

M. Airy propose de faire, à cet égard, des expériences sur l'avantage que l'on aurait en joignant à l'oculaire un prisme dispersif avec son angle aigu au-dessus.

Pour venir en aide à la détermination de l'instant des contacts réels et aussi, comme le dit M. Wolf, pour ne pas perdre le fruit d'un long voyage et de dépenses considérables, parce qu'au moment des contacts un nuage ou d'autres circonstances auront rendu l'observation impossible, il faut utiliser la durée du passage, qui est de plus de *quatre heures,* en obtenant des mesures de la distance des centres des deux astres, pouvant suppléer en quelque sorte à l'observation directe des contacts.

C'est du reste la méthode que semblent devoir employer les astronomes allemands, qui ont relégué au second plan l'observation directe des contacts comme offrant des causes d'erreurs trop probables.

Une Commission allemande, formée d'après les ordres du Chancelier de la Confédération du Nord, et formée de MM. HANSEN, ARGELANDER, PASCHEN, BRÜHNS, FORSTER, AUWERS, WINNECKE et STRUVE (de Pulkowa), adjoint comme expert, s'est prononcée pour les mesures prises à l'héliomètre de FRAUENHOFER, donnant la distance du centre de Vénus au centre du Soleil et l'angle de position de la planète.

Si l'on détermine en effet, à différents instants notés avec UNE TRÈS-GRANDE PRÉCISION à une pendule bien réglée, la distance exacte des centres des deux astres, on pourra en déduire la différence de l'effet parallactique produit dans différents lieux au même instant. La parallaxe s'en déduira.

D'après les recherches d'HANSEN à ce sujet, on pourrait admettre que ces mesures de la position de Vénus sur le Soleil, à différents instants suffisamment rapprochés, et obtenues surtout au moment de la plus grande phase, pourraient donner, d'une manière aussi exacte qu'on le désire, la parallaxe solaire.

Nous croyons, toutefois, cette conclusion un peu exagérée; car, par le fait, ces mesures de la position de Vénus sur le Soleil, desquelles on déduirait la parallaxe solaire, ont une analogie bien grande avec la détermination de la parallaxe d'une planète par la mesure de sa distance à une étoile obtenue en deux lieux différents et bien choisis, méthode qui n'a pas encore donné de résultats bien satisfaisants.

D'après la méthode proposée par CASSINI en 1698 et développée par MARALDI en 1736, on peut mesurer la position de Vénus sur le disque solaire à l'aide d'un micromètre appliqué à une lunette ordinaire.

On dispose la lunette en tournant les fils de manière que le
bord du Soleil soit, en raison de son mouvement diurne parallèle à l'équateur, toujours tangent à l'un des fils, tels que
AB (*fig.* 33). On note à la pendule l'heure exacte T à laquelle

Fig. 33.

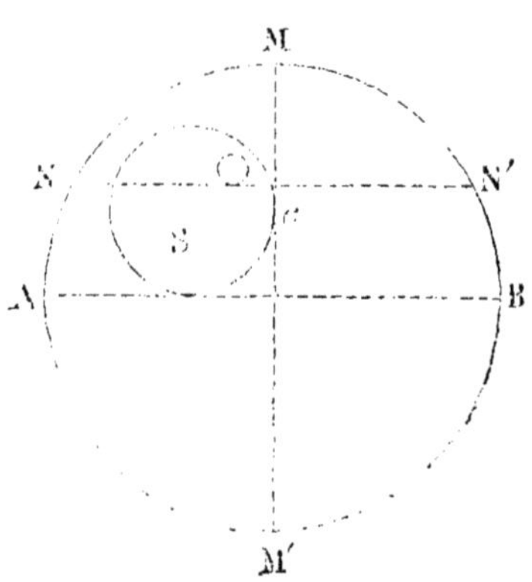

le bord occidental c du Soleil touche le fil horaire **MM'**, et ensuite le moment T + θ où le bord de Vénus y arrive : si d est
la déclinaison de la planète à ce moment,

$$\theta \times \cos d$$

donne la différence d'ascension droite *des bords* ouest du Soleil
et de Vénus.

La différence de déclinaison se mesure à l'aide du fil mobile
NN'.

On a ainsi, après avoir fait toutes les réductions et corrections convenables, les différences d'ascension droite et de déclinaison apparentes entre les bords semblables du Soleil et de
Vénus ; en corrigeant les différences relativement aux demi-diamètres, on obtiendra les différences de position *des centres* des
deux astres.

En faisant cette détermination à plusieurs instants du passage, on aura les moyens de tracer la trajectoire sur le cercle représentant le disque du Soleil, et l'on pourrait en déduire les positions apparentes du centre de Vénus pour deux lieux convenablement choisis, et correspondant à une même heure TM de Paris. La différence des effets parallactiques serait ainsi graphiquement obtenue ; mais nous croyons que les mesures prises de cette manière permettront difficilement d'obtenir la parallaxe horizontale du Soleil avec l'approximation que l'on désire obtenir. C'est, en effet, toujours une mesure directe de la parallaxe.

Une cause d'erreur qui nous semble d'une importance beaucoup plus considérable que celles que nous avons examinées est celle relative à *la déformation du contour du disque solaire*, par suite des agitations incessantes de son enveloppe lumineuse.

Les études et observations faites dans ces dernières années sur le disque solaire ont démontré, ce que les éclipses totales de Soleil avaient déjà fait entrevoir, qu'il se produit sur sa périphérie des dénivellements qui atteignent quelquefois des dimensions considérables et qui paraissent se renouveler constamment. L'admirable méthode d'observation des protubérances solaires, découverte par M. JANSSEN, a permis de faire des observations continues sur ce sujet, et le P. SECCHI, à Rome, en a fait maintenant presque son principal sujet de recherches.

Le savant astronome italien a cherché tout dernièrement à déterminer la grandeur du diamètre solaire, en prenant la durée du passage du disque au spectroscope, en mettant devant la fente un prisme à vision directe, à une distance de 20 centimètres environ, de manière à voir les taches, le bord très-net et la chromosphère, à l'aide des lignes de FRAUENHOFER.

Il a trouvé de cette manière que le disque du Soleil a un diamètre d'environ 8″,4 plus petit que celui obtenu dans les passages ordinaires au méridien, et que cette différence tient à l'éclairage dû à la chromosphère même dont la variabilité d'étendue produit une *variation* dans le diamètre apparent.

Bien que par l'observation spectrale la chromosphère soit vue séparée du bord, à une distance de 8 à 10 secondes, cependant, *tout près du bord,* elle est assez brillante pour se confondre avec ce bord lui-même, et l'on a ainsi un diamètre un peu plus grand, mais *variable.* Cette augmentation est, en effet, d'autant plus grande que l'air est plus éclairé ou que le Soleil est vu à travers des voiles brillants.

On doit donc comprendre maintenant comment, au moment où Vénus semble, pour un observateur, arriver à un contact externe ou interne, une dénivellation dans la surface solaire, de deux ou trois secondes d'arc seulement, peut *retarder* ou *accélérer* le moment de l'apparition du filet de lumière. D'après ce que nous avons vu, ce retard ou cette accélération pourrait dans ce cas aller à quarante secondes. Des observateurs pourraient donc avoir noté, dans le même lieu, la même heure relative à un contact, et cette heure se trouver cependant notablement erronée par suite de ce changement de niveau dans la surface du Soleil.

Il réside donc, dans ce phénomène, une cause d'erreur plus terrible que toutes les autres ; car on n'entrevoit pas encore le moyen de s'en affranchir !

Aussi éprouvons-nous un sentiment de crainte en pensant que la remarquable méthode de HALLEY, et qui consiste, rappelons-le bien, à substituer des mesures de temps à des mesures d'arc, viendra peut-être se heurter à cette difficulté, que l'on ne soupçonnait pas au commencement du XIXe siècle.

VII. — DE LA PHOTOGRAPHIE DANS LE PASSAGE DE VÉNUS.

Plusieurs astronomes et savants pensent que les passages de Vénus sur le Soleil, en 1874 et 1882, pourront donner les résultats les plus satisfaisants, relativement à la parallaxe solaire, grâce à l'immense découverte dont les conséquences ont développé d'une manière si active des industries nouvelles dans le monde entier, découverte que l'on doit aux deux Français Niepce de Saint-Victor et Daguerre.

Il y a vingt ans que M. Faye a proposé de substituer la Photographie à la méthode de la détermination directe de l'instant des contacts dans la recherche de la parallaxe solaire, par le passage de *Vénus*.

Le savant académicien a, en effet, exprimé la crainte que la méthode de Halley ne soit pas aussi parfaite en pratique qu'elle l'est en théorie, même en employant des télescopes d'une grande perfection optique. Sans parler des ondulations de la surface solaire, il pense que les ondulations de l'atmosphère, surtout lorsque le Soleil est bas, c'est-à-dire lorsque le coefficient de la parallaxe a une valeur utilisable, peuvent retarder la formation du filet de lumière et produire, dans l'instant précis de l'appréciation du contact, des erreurs dépassant les limites restreintes que la méthode exige.

M. Faye est donc d'avis que la Photographie soit mise en première ligne; il trouve trop de difficultés dans les *mesures héliométriques* et ne doute pas que les meilleurs résultats ne soient obtenus par l'observation photographique et l'enregistrement électrique de la production des images, en y joignant la détermination de l'heure par l'observation photographique du Soleil au méridien.

Trois méthodes d'observations du passage de Vénus sont donc aujourd'hui en présence :

La méthode *anglaise,* qui préconise, d'après les inspirations de Halley, la détermination *directe* de l'instant des contacts;

La méthode *allemande,* qui, au moyen de mesures héliométriques *directes,* permet d'obtenir la détermination *indirecte* de l'instant des contacts ou la mesure de l'effet parallactique;

Et enfin la troisième qu'on peut appeler à juste titre la *méthode française,* et qui, au moyen d'*images photographiques,* permettra d'obtenir *indirectement* les mesures héliométriques

14.

de la méthode allemande et de comparer l'effet de la parallaxe dans différents lieux.

La méthode française consiste donc à obtenir une série d'images photographiques instantanées du Soleil pendant la durée du passage, et prises à des instants très-rapprochés et à des heures locales notées avec la plus grande exactitude.

Ces images, *agrandies* s'il est nécessaire, permettront d'effectuer sur elles-mêmes les mesures que l'on n'obtient, d'après la méthode allemande, qu'avec de grandes difficultés.

Au sujet de l'application de la Photographie au passage de 1874, nous croyons donc utile de donner un aperçu des moyens qui ont été proposés pour arriver aux résultats les plus désirables. Dans les *Monthly notices* (1869), M. WARREN DE LA RUE, d'abord, un de ces savants (amateurs) comme l'Angleterre sait en produire, a publié une Note sur ce sujet.

Cette Note est intitulée : *De l'observation du passage de Vénus par la Photographie.*

Les conditions que présentent les *passages* de Vénus, dit M. WARREN DE LA RUE, pour la détermination de la position relative des centres du Soleil et de la planète, sont beaucoup plus avantageuses que celles présentées par les éclipses de Soleil par la Lune, en ce qu'il est beaucoup plus facile de mesurer directement les distances existant, à un moment donné, entre le centre du Soleil et celui de la planète se détachant nettement sur le disque solaire, que de mesurer, dans une éclipse de Soleil, les distances entre les périphéries du Soleil et de la Lune ou l'angle d'ouverture des points de la partie du Soleil éclipsé (¹). »

M. WARREN DE LA RUE fait remarquer que, dans les passages de Vénus, aucune erreur d'observation n'affectera le résultat

---

(¹) M. *Warren de la Rue*, en juin 1860, a déterminé un grand nombre d'images photographiques des phases de l'éclipse de Soleil qui eut lieu à cette époque.

final autant que dans les éclipses de Soleil. Il a calculé que, pour les passages de 1874 et de 1882, une erreur d'*une seconde* dans la mesure des distances donnerait *au maximum* une erreur de o″,185 dans la parallaxe solaire qu'on en déduirait.

Avec l'approximation que l'on veut obtenir, par le passage de 1874, nous voyons de suite, d'après cela, qu'il ne faut pas commettre une erreur de $\frac{1}{3}$ de seconde environ sur les distances mesurées.

Il suffit, à la rigueur, d'obtenir deux images photographiques du Soleil à deux instants bien déterminés pour pouvoir tracer sur le disque solaire la route de la planète, qui peut évidemment être considérée comme une *ligne droite* passant par ces deux positions obtenues. M. DE LA RUE pense que, pendant la durée du passage, il serait possible, *avec un temps clair*, d'obtenir des séries d'images photographiques à des intervalles de deux à trois minutes.

L'heure exacte de chaque *épreuve* pourrait être déterminée avec la plus grande exactitude, parce que le temps de pose n'est pas supérieur à $\frac{1}{50}$ de seconde, et parce que, pour les images instantanées du Soleil, lorsque la coulisse glisse avec la rapidité de l'éclair devant l'objectif, elle fait entendre un bruit sec en frappant sur l'arrêt, à un moment qui n'est pas éloigné d'une très-petite fraction de seconde de temps, de celui de la formation instantanée de l'image. On pourrait du reste, par des expériences, tenir compte de cet intervalle.

En employant un photohéliographe de dimensions convenables, le disque solaire sur les épreuves pourrait avoir des dimensions telles, dit M. DE LA RUE, que o″,496 d'arc serait représenté par o^m,000025 ; autrement dit, le disque solaire aurait *un décimètre* de diamètre.

Nous devons faire remarquer qu'une seconde d'arc serait représentée par *un demi dix millième de mètre*. Or nous avons vu (page 142) que la corde solaire parcourue par Vénus en 1874 aura environ 19′30″ et que la planète mettra quatre heures dix minutes, pour un observateur situé au centre de la Terre, à parcourir cette corde.

Vénus mettra donc environ treize secondes de temps à parcourir *une* seconde d'arc sur sa trajectoire, c'est-à-dire à se déplacer de *un demi dix millième de mètre* sur l'épreuve photographique.

En agrandissant l'image obtenue de manière à donner au Soleil, si c'était possible, *un mètre de diamètre,* c'est-à-dire une dimension dix fois plus grande que celle indiquée par M. de la Rue, la seconde d'arc serait représentée par *un demi*-millimètre, quantité appréciable ; mais nous pouvons même faire remarquer qu'il n'est nécessaire d'avoir une image agrandie que de la petite portion du disque solaire avoisinant les *points de contact.* La seconde d'arc pourrait donc être représentée par des dimensions plus grandes. Si l'on peut donc obtenir, sans déformation et sans perte de netteté, une image agrandie de la portion utile du disque solaire, on pourra obtenir la position du centre de Vénus à sa distance minimum du centre du Soleil, avec une approximation évidemment plus grande que $\frac{1}{4}$ de millimètre, ce qui donnerait déjà une approximation supérieure à six secondes environ sur l'heure des contacts ; mais on pourra très-probablement aller plus loin.

Dans les *Comptes rendus de l'Académie des Sciences*, t. LXX, p. 544, M. FAYE a rappelé que les clichés obtenus au foyer de l'objectif *sans agrandissement ultérieur,* pour l'éclipse de Soleil de 1858, représentaient le Soleil avec *quinze* centimètres de diamètre et que la seconde d'arc de la voûte céleste mesurait $\frac{15}{192}$ ou environ $\frac{1}{13}$ de millimètre.

D'après ces dimensions, l'effet total dû à la parallaxe *relative* de deux lieues en 1874, qui est au moins de quarante secondes, répondrait à un déplacement de 3 millimètres sur des épreuves pareilles obtenues en deux lieux différents et bien choisis.

Il pense alors qu'on pourrait obtenir, même par une mesure grossière, faite avec un double décimètre, par exemple, l'effet de la parallaxe à $\frac{1}{150}$ près, c'est-à-dire à $0'',06$; mais, en appliquant à des épreuves des appareils micrométriques pareils à celui construit par M. *Porro* pour l'éclipse de 1858, M. FAYE pense que l'on pourrait pousser beaucoup plus loin l'exactitude.

Quand les images photographiques auront été obtenues, les mesures que l'on aura à effectuer sur elles à l'aide du micromètre seront :

1° La détermination exacte du demi-diamètre du Soleil ;

2° Les angles de position relatifs au centre de la planète ;

3° Les distances, sur la trajectoire, séparant des positions de Vénus correspondant à des instants précis.

Avec les micromètres dont on fait usage, les distances peuvent être obtenues à moins de $\frac{1}{4}$ de seconde d'arc, et les angles de position à une ou deux secondes.

En ce qui concerne la déformation des images photographiques, déformation qui altérerait la valeur réelle des distances et des angles de position, M. DE LA RUE fait remarquer que, depuis 1860, des moyens ont été imaginés pour s'assurer de cette déformation. Cette question a été traitée récemment, dans une Note envoyée à la Société royale de Londres, par lui et MM. *Balfour*, *Stewart* et *Lœwy*.

Ces savants ont d'abord fait voir qu'une partie des petites différences remarquées dans les mesures obtenues provenait de ce que le centre de quelques images ne se trouvait pas dans l'axe optique de l'instrument.

Pour bien se rendre compte de la déformation des images, M. WARREN DE LA RUE propose de photographier une échelle convenable, de parties égales, placée à environ un mille ou deux de l'héliographe. On obtiendrait ainsi une image dans laquelle des parties *égales* de l'échelle occuperaient, si *la déformation* avait eu lieu, des *longueurs différentes*. En mesurant ces longueurs au moyen du micromètre, on pourrait se rendre compte très-clairement de la déformation photographique.

Une pareille échelle de parties égales, ajoute le savant photographe, si elle était placée à une distance de *deux milles*, devrait avoir environ 110 pieds anglais, afin que son image fût un peu plus longue que celle du diamètre solaire.

Elle pourrait être faite en fixant deux rails de bois horizontaux, l'un au-dessus de l'autre, sur des poteaux verticaux, de telle sorte que leurs arêtes extérieures fussent distantes de 3 pieds.

Sur ces rails horizontaux des feuilles de zinc, de 2 pieds de large et de 3 pieds de long, seraient fixées de manière à laisser un intervalle exactement de 2 pieds entre deux feuilles adjacentes. On pourrait obtenir ces feuilles de zinc toutes exactement de la même largeur, en les réunissant et en dolant leurs arêtes dans une machine à raboter.

En les fixant sur les traverses horizontales, une des feuilles pourrait être temporairement employée pour déterminer l'intervalle entre une feuille fixée et celle à mettre à la suite.

Les barreaux horizontaux pourraient être renforcés, çà et là, par des traverses obliques en bois, placées derrière les feuilles de zinc, et par des baguettes tendues obliquement et distribuées convenablement.

Pour faciliter la photographie de l'échelle, on la placerait sur le sommet d'une petite colline, ou, de préférence, près d'une plage, pour que la lumière du Soleil brillât à travers les intervalles des feuilles de zinc.

« Il est à remarquer, dit M. WARREN DE LA RUE, que la distance focale de l'objectif de l'héliographe, pour un objet situé à une distance de *deux* milles, serait d'environ $\frac{2}{100}$ de pouce plus loin que pour les rayons, sensiblement parallèles, venant du Soleil. Cette augmentation de la distance focale produit, il est vrai, une petite confusion, mais elle n'empêcherait pas de faire les mesures exactes. Avant de fixer finalement la position de la lentille secondaire pour les images solaires, des images finement faites de l'échelle pourraient être obtenues en plaçant le foyer convenablement pour l'échelle de parties égales. Ce double assortiment d'images fournirait tous les renseignements nécessaires, pour assurer la correction relative à la déformation optique et la distance exacte de l'échelle de parties égales étant connue) pour obtenir la valeur, en arc, des divisions du micromètre.

On avait exprimé des craintes, dit M. WARREN DE LA RUE que le collodion, en séchant, ne se déformât. Des expériences faites en 1860-1861 ont démontré que le rétrécissement n'a lieu que sur l'épaisseur ; mais comme, relativement à la parallaxe solaire, aucune correction ne doit être négligée, il sera bon de s'assurer si quelque déformation de ce genre a lieu. Il sera très-facile de s'en assurer, en prenant des images photographiques sur des verres plats sur lesquels des lignes distantes d'environ 5 millimètres auront préalablement été *gravées*. Le collodion, rendu, pour cette expérience, contaminé par des particules en suspension, serait versé du côté réglé afin d'éviter la parallaxe ; on examinerait la position de certaines impuretés, relativement aux lignes tracées, quand le collodion serait encore humide ; et alors, une fois toutes les opérations de la photographie terminées, c'est-à-dire lorsque le collodion serait bien sec, on examinerait la position de ces *mêmes impuretés*. La variation de cette position ferait connaître si le rétrécissement en surface existe et quelle en est la grandeur.

M. WARREN DE LA RUE, en s'appuyant sur les indications données par M. AIRY relativement au choix des stations, trouve que six stations seraient favorables pour les déterminations photographiques. Il propose alors que six instruments, exactement semblables, soient préparés et montés équatorialement, mais sans cercles ni mouvement d'horlogerie, ce qui est tout à fait inutile.

La déformation optique de ces instruments pourrait être déterminée à l'avance, et il ne serait nécessaire d'aucune expérience subséquente, les parties optiques de l'instrument devant toutes être fixées d'une manière rigide.

« Aucune difficulté n'existe, dit en terminant le savant photographe anglais, pour photographier un passage de Vénus. »

Les opérations sont, en effet, exactement semblables à celles pratiquées journellement à l'Observatoire de Kew. Aucune action nerveuse ne peut se présenter pour le photographe, comme cela a lieu pour l'observateur qui observe ou mesure directement la position de Vénus sur le disque solaire, et qui se trouve sous l'influence de l'anxiété qu'il éprouve de donner à ses mesures ou à son observation toute l'exactitude possible.

Pour atténuer les erreurs qui, dans les comparaisons que l'on fera des épreuves obtenues en deux lieux différents, dépendent, d'après M. Proctor, de la manière dont les épreuves sont repérées et dont les angles de position sont déterminés, M. Laussedat, professeur de Géodésie à l'École Polytechnique, a proposé de rendre *fixe* la lunette photographique, en la maintenant dans une position horizontale, et de renvoyer vers cette lunette, au moyen d'un *héliostat*, la lumière du Soleil.

Le savant professeur détermine l'orientation de la lunette en la plaçant dans la direction même de la lunette méridienne et en s'assurant, à l'aide d'un bon niveau, de l'horizontalité d'un des bords de la plaque photographique.

On obtient ensuite, par le calcul, les éléments nécessaires pour transformer les coordonnées mesurées sur les clichés en coordonnées relatives aux cercles usités en Astronomie.

M. Faye est d'avis que l'on emploie de suite, dans la détermination des clichés, des objectifs de 16 à 20 mètres de distances focales, installés d'après le système de M. Laussedat qui, du reste, relativement à son procédé, engage à faire des essais préalables.

En ce qui concerne les stations les plus favorables pour les épreuves photographiques, M. le Conseiller allemand Paschen trouve qu'il convient de choisir deux stations telles, que l'arc de grand cercle qui les unit coupe en quelque point la ligne terrestre, lieu des points dans lesquels Vénus culmine successivement au zénith pendant son passage.

Deux stations devront être prises à 125 ou 140 degrés l'une de l'autre, et à égale distance du parallèle qui voit Vénus culminer au zénith. M. le Conseiller PASCHEN propose comme stations les groupes suivants :

1° Les îles Chattam et Mascate ;

2° Les îles Chattam et Bassora ;

3° Les îles Salomon et le port Mahé aux Seychelles.

« Dans chacune de ces stations, dit-il, on pourrait obtenir, en deux heures, *trente* épreuves photographiques, fournissant trente équations de condition dans lesquelles le coefficient de l'excès de la parallaxe de Vénus sur celle du Soleil serait de 1,8. »

M. PASCHEN propose aussi de prendre les empreintes, non pas au foyer de l'objectif, mais à celui d'une seconde lentille à court foyer, afin de photographier à la fois les astres et le réticule de la lunette.

M. PASCHEN pense que, avec une machine à diviser de Repsold, la distance de deux traits peut être obtenue, par une seule opération de pointé, à $\frac{1}{10000}$ de ligne près.

Le Ministre de la Marine aux États-Unis a fait publier une Note relative au passage de Vénus en 1874, Note qui a été préparée sous la direction de la Commission autorisée par le Congrès et instituée relativement à ce passage.

Cette Note contient une description de la méthode employée, dans les photographies solaires, à l'Observatoire de M. RUTHERFURD, auquel le Président de la Commission, le contre-amiral *Sands,* avait demandé son opinion sur les meilleurs moyens d'obtenir des observations photographiques du passage de Vénus.

Pour obtenir une grande netteté dans l'image solaire, M. RUTHERFURD a corrigé son objectif par une courbure spéciale propre à annuler la diffusion des rayons extrêmes.

L'objectif est un double objectif de flint et de crown-glass, ou un objectif achromatique ordinaire sur lequel est appliquée une lentille de courbure et de densité nécessaires pour produire la correction exigée.

La correction de l'objectif exige une disposition spéciale pour obtenir la position du plan focal. C'est à l'aide d'une vis micrométrique, installée de telle sorte qu'une fois la position obtenue on puisse la retrouver à volonté.

Comme la chaleur et l'humidité pourraient produire des modifications, le tube de l'objectif, qui est en fer galvanisé et peint, est muni de trois thermomètres dont les indications permettent de faire l'ajustement focal à l'aide d'une Table, calculée par M. Rutherfurd et qui est fondée sur la position de la vis focale correspondant à une température donnée et sur le coefficient connu de dilatation du fer.

C'est à l'aide des images d'étoiles que l'astronome américain détermine le plan focal, pour une température donnée, en prenant côte à côte des images de la même étoile dans différentes situations de la plaque, relativement à la distance focale, et en choisissant la distance qui correspond à l'image la *plus nette*.

La chambre noire est disposée de telle sorte que la plaque préparée soit placée et l'image obtenue au foyer de l'objectif. La grandeur d'une image du Soleil ainsi obtenue est d'environ 8 millimètres pour chaque mètre de distance focale de l'objectif.

L'image du Soleil, prise au foyer de l'objectif, est augmentée par une lentille photographique de construction ordinaire.

Dans la chambre noire et directement devant la plaque exposée, un fil très-fin de platine est disposé dans la direction est et ouest, avec un simple ajustement, au moyen duquel on peut le faire coïncider avec la direction du mouvement d'une étoile ou d'une tache solaire traversant le champ par suite du mouvement diurne de la Terre. L'ombre de ce fil, s'il est bien placé, indique, par une ligne fine, sur la photographie, la position du zéro, en admettant, bien entendu, que le support équatorial soit bien ajusté dans le plan du méridien et relativement à la latitude du lieu.

Pour éviter l'effet de la distorsion des images, il est nécessaire de déterminer la collimation de l'objectif et la collimation des plaques. La première s'obtient au moyen de vis disposées à cet effet, et qui pénètrent le bord de l'objectif. En faisant agir ces vis, on doit faire en sorte que les images multiples d'une flamme de bougie tenue en face d'un petit trou, percé dans le milieu du support de plaque, et qui proviennent de la réflexion des différentes surfaces de l'objectif, soient vues *superposées* pour un œil regardant le bleu de la flamme, c'est-à-dire cette partie qui est près de la mèche.

La collimation de chaque support de plaque est obtenue au moyen de vis agissant sur les guides ou coulisses servant à l'introduction de la plaque. On place alors dans le support de plaque une plaque de verre fumé du côté opposé à l'objectif pour détruire la réflexion de ce côté ; on couvre cette plaque avec un écran de papier noir, ayant un trou de 6 millimètres de diamètre, à travers lequel le centre de la plaque seulement est exposé à l'objectif. On couvre aussi l'objectif avec une calotte percée d'un trou, dans le centre, et ayant aussi 6 millimètres de diamètre.

En tenant alors une bougie allumée devant ce dernier trou, et en agissant sur les vis ajustantes, on fait en sorte que la lumière de la bougie réfléchie du centre de la plaque soit vue sur le centre de l'objectif ; ceci indiquera alors que la plaque est perpendiculaire à l'axe optique de la lunette.

L'ajustement de la lentille grossissante s'effectue aussi d'une manière analogue.

En outre de toutes ces précautions, on peut encore s'assurer de la grandeur et de la direction d'une distorsion venant à se produire.

On place sur le foyer de l'objectif une plaque de verre à faces parallèles et sur laquelle un réticule de lignes est tracé. En tournant l'instrument, focalisé avec soin, sur un ciel brillant, on pourra obtenir une photographie *augmentée* du réticule. En comparant le réticule et son image agrandie, on aura l'indication de la distorsion produite.

Une seconde méthode, qui permet aussi de déterminer la valeur angulaire d'un espace quelconque sur l'image agrandie, est la suivante :

On place, dans la position de la plaque de l'image agrandie, une plaque de verre à faces parallèles sur laquelle un réticule de lignes nord et sud est gravé, ces lignes étant distantes d'environ trois secondes de temps équatorial.

On fixe solidement la lunette près du méridien ; à l'aide d'un chronographe, on détermine le passage de plusieurs étoiles brillantes par toutes les lignes du réticule, en les observant à travers un oculaire de Ramsden, disposé de manière à pouvoir commander la plaque d'un côté à l'autre.

Une comparaison de ces passages avec les intervalles mesurés entre les lignes donnera non-seulement la valeur angulaire d'un espace de la plaque, mais une indication de la distorsion produite par l'effet de la collimation de la plaque, de l'objectif et de la lentille grossissante.

M. Rutherfurd propose encore, pour connaître la valeur angulaire d'une distance linéaire de la plaque, de photographier un objet connu à une distance connue, si l'on opère de jour ; ou deux lumières électriques spécialement disposées à cet effet, si l'on opère la nuit ; ou enfin un groupe d'étoiles, telles que les Pléiades, par exemple, dont les distances angulaires ont été exactement déterminées, et d'en déduire la valeur linéaire par une mesure micrométrique prise sur la photographie.

M. Rutherfurd fait remarquer que, malgré toutes les précautions prises pour obtenir l'image solaire, la photographie du Soleil aura un plus ou moins grand diamètre, et cela d'un assez grand nombre de secondes d'arc, selon l'énergie des rayons solaires produisant l'image. Cette différence peut être produite par un changement dans l'ouverture de l'objectif, par le plus ou moins de longueur du temps d'exposition, par le plus ou moins de transparence de l'atmosphère, ou enfin par la sensibilité plus ou moins grande des substances chimiques.

On peut se demander alors, ajoute M. Rutherfurd, quel degré

de confiance on peut avoir dans les résultats de la Photographie.
Il répond à cela que le Soleil n'a, en effet, aucun contour *nette-*
ment défini, même à l'œil ; que, dans son meilleur état, c'est un
objet *irrégulier, bouillant sans cesse, toujours agité à sa sur-*
face et entièrement incapable, par la mobilité de cette surface,
de faire servir quelques points seulement de son contour à une
mesure quelconque de précision ; mais, ajoute-t-il, la photographie prenant l'image entière du Soleil, son centre peut, à l'aide
du micromètre, être exactement déterminé en opérant successivement sur tout le contour au lieu de s'en tenir à une détermination locale.

Il en conclut que la position de Vénus, dont l'image sur le
Soleil doit être nette et capable de mesures faciles et exactes,
doit être comparée avec le *centre* du Soleil et non avec le
limbe.

Dans une seconde Lettre que M. Rutherfurd écrit au contre-
amiral Sands, il donne une description de la forme de l'instrument qu'il considère comme devant être adopté pour photographier le passage de Vénus :

« Si toute la disposition et l'installation des instruments, pour
la photographie du passage, dit-il, était sous mon contrôle,
d'après mes expériences, j'aurais un objectif achromatique, de
15 centimètres d'ouverture et de 1^m,78 de distance focale, dans
une cellule permettant d'appliquer devant cet objectif une lentille de flint-glass d'une courbure telle, qu'elle puisse diminuer
de 25 centimètres la distance focale propre à la photographie.
A un point convenable je placerais, entre les deux distances
1^m,78 et 1^m,53, une lentille grossissante construite de telle sorte
que l'image normale du Soleil à son foyer principal, image qui,
à ce point et sans cette lentille, serait de 12 millimètres de
diamètre, fût agrandie et atteignît le diamètre de 51 millimètres,
à la distance de 25 centimètres du foyer principal, c'est-à-dire à
1^m,78 de l'objectif.

» La chambre noire et le tube formeraient un seul tube, et le

collet et la vis focalisante seraient plàcés à l'objectif au bout du
tube, de manière à simplifier toutes les dispositions et à permettre l'usage des bras de bout en bout, et à prévenir ainsi la
flexion du tube; de plus, en enlevant la lentille de flint-glass et
celle grossissante, l'instrument se trouverait disposé pour la
vision. »

Les astronomes américains semblent aussi, eux, admettre que
c'est dans la Photographie *seule* que réside l'espoir d'un résultat
satisfaisant à déduire du passage de Vénus en 1874, au point
de vue de la parallaxe solaire. Aussi, ne se faisant pas illusion
sur toutes les difficultés pratiques que comporte la détermination d'une épreuve photographique de ce passage pouvant servir
utilement au but que les astronomes veulent atteindre, ils ont
étudié avec soin toutes ces difficultés, et M. Simon Newcomb a
rédigé une Note importante sur l'*Application de la Photographie à l'observation du passage de Vénus*, Note qui fait suite
aux Lettres de M. Rutherfurd.

M. Newcomb fait d'abord remarquer que les méthodes proposées pour *observer* les passages de Vénus peuvent être par-
tagées en deux classes distinctes :

La première consiste à fixer le moment précis auquel la
planète est en contact avec le limbe du Soleil, et la deuxième à
déterminer la position relative du centre de la planète et du
centre du Soleil, aussi souvent que possible pendant le passage.

La première méthode a seulement jusqu'ici été pratiquée réellement, et jusqu'à ces derniers temps elle avait tacitement été
considérée comme la seule praticable. « Je comprends néanmoins,
dit M. Newcomb, que les astronomes deviennent de plus en
plus moins confiants en elle, et je crois que la grande majorité
accordera qu'il peut ne pas être prudent de s'y abandonner
entièrement, jusqu'à ce que l'on ait trouvé le moyen de s'affranchir des erreurs auxquelles l'expérience a montré qu'elle était
sujette. Le but de cette Note n'étant pas de discuter cette méthode, je demanderai la permission de faire simplement remar-

quer, pour faire mieux ressortir son inexactitude, que la comparaison des observations relatives à un contact externe, dans les derniers passages de Mercure, montre que ces contacts, qui jusqu'à présent avaient été entièrement négligés, en raison de leur incertitude supposée, sont réellement du même ordre d'exactitude que ceux du contact interne, dans lequel, jusqu'à présent, la confiance avait exclusivement été placée. Bien plus, des recherches récentes sur la constitution physique du Soleil conduisent en effet à admettre que la photosphère solaire est sujette à des changements de niveau qui doivent sérieusement nuire à l'exactitude des résultats déduits des observations les plus parfaites des contacts internes. »

Cette appréciation de M. Newcomb nous paraît parfaitement rationnelle ; mais nous ferons cependant remarquer que les changements de niveau de la photosphère solaire nuisent aussi bien aux contacts externes qu'aux contacts internes.

M. Newcomb, dans sa Note, s'est proposé d'examiner avec soin les méthodes qui ont été proposées pour cette application scientifique de la Photographie et de rechercher celle qui paraît la plus convenable pour conduire au résultat désiré.

Il a d'abord mis en relief les résultats photographiques à obtenir et qui sont les suivants :

1° Obtenir une image du Soleil, avec Vénus sur son disque, d'une espèce telle, que des contours de ces images les *points* de la plaque photographique qui correspondent aux *centres* des deux disques puissent être déterminés avec un haut degré de précision.

2° La distance linéaire entre ces points étant déterminée, en millimètres ou autres unités de longueur, par le moyen d'un micromètre, avoir un moyen précis de détruire la *distance angulaire* à laquelle correspond cette distance linéaire, ou connaître la valeur de 1 millimètre en secondes d'arc sur chaque partie de la plaque photographique et dans chaque direction.

3° Déterminer sur la plaque une ligne de repère fixe permettant de déduire l'angle de position des deux centres, relativement au centre de déclinaison passant par le centre du Soleil.

Relativement à l'exactitude réclamée dans les mesures, M. NEWCOMB fait remarquer que, si une erreur commise dans une mesure linéaire sur la plaque n'affectait la parallaxe que dans le rapport de cette erreur à la distance entière mesurée, la détermination de la valeur angulaire de 1 millimètre sur la plaque photographique n'offrirait pas de sérieuses difficultés; mais la distance des centres, qui est la quantité linéaire à mesurer, étant au minimum *cinquante* fois plus grande que l'effet moyen de la parallaxe aux différentes stations, on doit comprendre qu'une erreur affectant la distance mesurée, dans un certain rapport, affectera la parallaxe dans un rapport cinquante fois plus grand.

Pour pouvoir exprimer le degré d'exactitude qu'il est désirable d'obtenir, il faudrait connaître le degré d'exactitude dont est susceptible une mesure prise sur la plaque photographique.

« Ceci est un point, dit M. NEWCOMB, sur lequel nous n'avons *aucune information publiée*, mais on sait que, d'après les mesures des photographies de l'éclipse de 1869, l'erreur probable sur les distances mesurées sur la négative n'est qu'une petite fraction d'une seconde d'arc ; nous avons donc quelque raison d'espérer que l'erreur probable accidentelle de la détermination de la distance des centres, par une seule épreuve négative, sera moindre qu'une demi-seconde. »

M. NEWCOMB pense alors que deux cents épreuves négatives pouvant être prises à chaque station, on a lieu d'attendre que l'erreur probable accidentelle de la moyenne de toutes les mesures prises à une station sera aussi petite que $0'',03$.

Il est alors désirable, pour arriver à l'approximation que l'on veut obtenir, que les erreurs constantes particulières à chaque station, soit relativement à l'instrument, soit relativement aux substances employées, ne soient qu'une petite fraction des premières, c'est-à-dire ne dépassent pas $0'',02$.

D'après la plus courte distance des centres, qui est d'environ

800 secondes, la mesure devra être prise à $\frac{1}{30000}$ de sa valeur, c'est-à-dire qu'avec une image solaire de 1 décimètre de diamètre on devra au moins obtenir cette distance linéaire à moins de $\frac{1}{100}$ de millimètre!

Quant à l'erreur qu'il ne faudra pas dépasser, dans la mesure de l'angle de position, M. Newcomb admet qu'elle devra être comprise entre 5 et 15 secondes. On voit donc quelles précautions, quelles attentions réclament les déterminations photographiques qui doivent conduire à la parallaxe solaire.

En examinant ensuite plus attentivement quelle doit être la grandeur de l'image solaire, M. Newcomb trouve que le diamètre du Soleil doit atteindre 11 centimètres environ, et celle de Vénus $7\frac{1}{2}$ millimètres.

Le savant américain engage aussi, relativement à la manière de former l'image solaire devant être photographiée, à suivre la méthode du professeur Winlock, qui, ainsi qu'il le dit, est celle qui a été proposée par M. Laussedat. Relativement à l'héliostat que, d'après cette méthode, il est convenable d'employer, il trouve que le rayon de courbure du miroir réflecteur ne doit pas être inférieur à 24 000 mètres environ, et qu'il faut avoir soin de n'exposer le réflecteur en plein soleil qu'au moment où l'image doit être prise.

Il recommande, si l'on emploie un réflecteur avec mouvement d'horlogerie, que le miroir soit exempt de toute vibration et que chaque instrument soit bien soigneusement vérifié avant d'être employé.

M. Newcomb trouve que l'objectif, dont il recommande la correction dont nous avons parlé, ne doit pas être supporté par le tube, mais doit être fixé sur un support établi en pierres ou en briques, et assez large aussi pour supporter le réflecteur. Il entre ensuite dans d'assez longs détails sur la disposition du tube, l'arrangement des foyers, l'exposition de la plaque et enfin la détermination de la position de la planète sur le disque du Soleil.

Si l'on adopte la méthode d'agrandissement de l'image par une lentille, M. Newcomb trouve que l'on ne pourra, dans ce cas, avoir aucune confiance dans la détermination d'une valeur angulaire obtenue relativement à une mesure prise sur la négative, parce que, dans le cas de l'image agrandie, *cette valeur dépendra de la réfrangibilité de la lumière* formant l'image.

Pour obtenir la valeur angulaire de 1 millimètre sur la plaque photographique, en quelque point de cette plaque et dans quelque direction que ce soit, l'observateur devra, lorsque l'objectif et le porte-plaque seront solidement fixés dans leur position définitive, mesurer *soigneusement* la distance entre la face *antérieure* de l'une des plaques photographiques et la face *antérieure* de l'objectif.

La température du mètre servant à cette mesure devra être soigneusement notée; au moment où les plaques seront prises, la température de ces plaques devra aussi être notée approximativement. En admettant que la face de la plaque soit sensiblement *perpendiculaire* à l'axe de la lunette, on aura, au moyen des données dont nous venons de parler, tout ce qui sera nécessaire pour une détermination tout à fait précise de l'élément cherché, *indépendamment* de la *position exacte de la plaque au foyer de l'objectif*. La valeur angulaire d'une distance prise sur la plaque photographique est égale à celle de l'angle sous-tendu par cette longueur à la distance du centre optique de l'objectif.

Il est vrai que ce centre optique ne sera pas précisément le même pour tous les points de la plaque, ni même relativement à différentes directions partant d'un même point; mais, pour tenir compte de ces différences, il faudrait connaître exactement la forme et le degré de réfrangibilité du verre formant l'objectif.

La méthode proposée par M. Simon Newcomb, pour la détermination de l'angle de position, ne nous semble pas propre à obtenir la précision qu'il faut atteindre; nous croyons donc inutile d'en parler. Du reste, d'ici le moment du passage, c'est-à-dire avant le milieu de 1874, on a encore le temps d'étudier la question.

Les aperçus que nous venons de donner sur les moyens proposés pour faire utilement servir l'admirable découverte de la Photographie au passage de Vénus, en 1874, montrent qu'à cet égard les savants ne seront pas pris au dépourvu ; et nous croyons donc que l'on peut attendre de la méthode française, comme l'a appelée M. FAYE, les résultats les plus satisfaisants, si les déterminations photographiques sont faites avec tout le soin et toutes les précautions qu'exige l'approximation que l'on veut obtenir.

Le passage de 1874 va donc certainement résoudre d'une manière décisive la question de l'exactitude pratique de la méthode de HALLEY et faire définitivement connaître si cette méthode peut pratiquement répondre aux espérances que l'on en avait conçues, ou bien si les passages de Vénus ne peuvent être utilisés que pour une constatation graphique des effets parallactiques relatifs de Vénus sur le disque solaire, effets dont la différence, établie photographiquement en différents lieux, judicieusement choisis sur le globe, permettra d'obtenir la parallaxe solaire avec l'exactitude désirée, sans passer par des considérations de temps. *C'est alors à la France qu'en reviendra la gloire.*

NOTIONS HISTORIQUES

SUR LE

PASSAGE DE VÉNUS SUR LE SOLEIL

EN 1761 ET 1769.

« KEPLER fut le premier, dit DE LALANDE, dans son *Traité d'Astronomie*, t. II, p. 449, qui, en 1627, après avoir dressé, sur les observations de TYCHO BRAHÉ, ses Tables *Rudolphines*, osa prédire les époques où Vénus et Mercure passeraient devant le Soleil.

» Il annonça un passage de Mercure pour 1631, et deux passages de Vénus, l'un pour 1631 et l'autre pour 1761, dans un Avertissement aux astronomes, publié à Leipzig en 1629 : *Admonitio ad Astronomos rerum cœlestium studiosos, de miris rarisque anni 1631 phœnomenis, Veneris putà et Mercurii in Solem incursu.* »

Le passage de Mercure, annoncé par KEPLER, fut observé le 15 novembre 1631, huit jours avant la mort du grand astronome. Celui de Vénus, qui, sans doute, n'était pas prédit avec une précision suffisante, ne fut pas observé, d'abord parce que GASSENDI, qui s'apprêtait à l'observation, en fut empêché par la pluie, mais surtout parce que le passage eut lieu pendant la nuit pour les observateurs européens.

KEPLER n'avait pas annoncé le passage de Vénus sur le Soleil le 4 décembre 1639 ; cependant ce passage fut observé, par hasard, en Angleterre par *Horrockes* et *Crabtree,* ce dernier ayant calculé des éphémérides de Vénus avec les Tables de Lansberge. Ces Tables, quoique erronées, indiquaient le passage de 1639, ce que ne faisaient pas les Tables Rudolphines de KEPLER.

Quand, en 1631, GASSENDI se disposait à l'observation du passage incertain de Vénus ; quand, en 1639, Horrockes observait accidentellement un passage de cette planète, les astronomes ne se doutaient pas encore de l'importance que l'Astronomie attacherait plus tard à ces phénomènes, au point de vue de la distance des corps célestes entre eux, de leur grosseur et de leur masse. Ces passages ne semblaient, en effet, à cette époque, pouvoir servir qu'à déterminer la position des nœuds des deux planètes inférieures.

C'est HALLEY qui, ainsi que nous l'avons déjà dit, reprenant une idée émise par J. GREGORY, en 1663, déclara en 1677 que la *durée* d'un passage de Mercure ou de Vénus, obtenue dans deux lieux différents, pouvait servir à trouver la *parallaxe du Soleil,* et, par suite, la distance de cet astre à la Terre ; mais il ne se doutait pas de toutes les peines, de toutes les tribulations, de tous les travaux que sa méthode allait donner aux astronomes futurs.

Il fit insérer, en 1691, dans les *Transactions philosophiques,* un Mémoire sur les passages de Vénus. Dans ce Mémoire, il donna les époques de dix-sept passages de Vénus, dont onze *seulement avaient réellement lieu,* et il signala que si l'intervalle de temps entre les deux contacts intérieurs de Vénus et du Soleil pouvaient s'obtenir à une seconde près, en deux lieux choisis d'une manière convenable, on en déduirait la parallaxe du Soleil à $\frac{1}{500}$ près, c'est-à-dire à 0″,02 près.

Il développa cette idée nouvelle dans un second Mémoire publié en 1716, et il établit même, en se trompant il est vrai, ainsi que le fit voir l'astronome français *Trébuchet,* les lieux les plus convenables de la Terre où l'on devait se transporter, en 1761, pour faire les observations les plus utiles du passage de Vénus.

Passage de 1761.

L'Académie des Sciences, créée en 1666 par Colbert, comprit l'importance de la méthode de Halley, pour la détermination de l'unité fondamentale des distances célestes.

Elle s'occupa donc, dit J.-D. Cassini, du phénomène annoncé pour 1761, avec la plus grande activité. Le gouvernement français, soucieux de la gloire scientifique du pays, avait invité l'illustre Société à rechercher les lieux du globe les plus convenables pour observer le phénomène, au point de vue du résultat qu'on voulait atteindre.

C'est alors que de l'Isle, un des membres les plus illustres de l'Académie des Sciences, publia, au mois d'août 1760, une mappemonde sur laquelle des cercles qu'il avait déterminés et tracés indiquaient l'heure à laquelle, en chaque lieu du globe, l'*entrée* et la *sortie* de Vénus sur le disque du Soleil devaient avoir lieu. Cette mappemonde montra l'inutilité de la station que les Anglais avaient choisie dans l'Amérique septentrionale, d'après les indications de Halley.

Le savant de l'Isle ne se borna pas à publier sa Carte du passage ; mais il indiqua comment, dans des lieux choisis convenablement et dont la longitude serait *exactement* connue, la seule observation d'un contact, soit à l'entrée, soit à la sortie, effectuée dans quelques lieux, fournirait des éléments propres à permettre d'obtenir la parallaxe solaire. Sa méthode, dont nous avons donné un aperçu, utilisait donc toutes les observations possibles, faites avec précision. Elle exige, il est vrai, la connaissance parfaite de la longitude des stations ; mais, comme l'a fait remarquer J.-D. Cassini, dans son *Histoire abrégée de la parallaxe solaire,* cette longitude pouvait être obtenue, soit à un moment, soit à un autre.

La méthode de DE L'ISLE fut fort appréciée de l'Académie des Sciences, qui nomma des Commissaires pour étudier, relativement au passage de 1761, les lieux où l'on pouvait concilier d'un côté l'avantage de l'observation, et de l'autre la facilité d'y établir un observatoire temporaire.

Après de nombreuses discussions, l'Académie des Sciences décida que les points éloignés où des observatoires seraient établis, pour l'observation du passage de 1761, seraient *Tobolsk*, *Pondichéry* et l'île *Rodrigue*, dans l'océan Indien.

Il ne manquait certes pas de membres de l'Académie désireux de prendre part à la grande entreprise scientifique sur laquelle on fondait alors de si grandes espérances.

L'Académie désigna : CHAPPE D'AUTEROCHE, pour aller à Tobolsk, LE GENTIL, pour la station de Pondichéry, et enfin DE PINGRÉ pour celle de l'île Rodrigue.

L'Académie impériale des Sciences de Saint-Pétersbourg avait demandé à l'Académie des Sciences de Paris de lui donner un de ses membres pour observer les passages, sous les auspices de L'IMPÉRATRICE DE RUSSIE, dans tel lieu de l'empire que notre Académie jugerait convenable.

Le jeune CHAPPE d'AUTEROCHE pouvait donc s'attendre à avoir, dans son voyage à Tobolsk, beaucoup de difficultés aplanies ; mais le gouvernement russe ne pouvait rien contre le climat de la Sibérie, ni contre les difficultés matérielles de la route.

CHAPPE quitta Paris à la fin de novembre 1760 et arriva assez facilement à Saint-Pétersbourg ; mais le trajet de Saint-Pétersbourg à Tobolsk ne se fit que par une route affreuse de près de 500 lieues. Après des incommodités sans nombre et avoir même couru de sérieux dangers, l'astronome français arriva enfin à Tobolsk. On était au 10 avril 1761, le voyage avait duré cinq mois et, comme l'observation du passage devait avoir lieu le 6 juin, CHAPPE eut à peine deux mois pour s'y préparer !

L'astronome LE GENTIL, en raison de l'éloignement de la station où il devait opérer, était parti de France le 26 mars 1760.

« L'observation qu'il comptait faire à Pondichéry était curieuse et intéressante, dit J.-D. Cassini ; il devait en effet voir la durée entière du passage et le milieu devait arriver lorsque le Soleil passait à peu près au méridien à 10 degrés environ du zénith.

Le Gentil arriva à l'île de France le 10 juillet 1760, c'est-à-dire presque un an avant le passage attendu ; mais la guerre allumée, à cette époque, entre la France et l'Angleterre, ne lui permettait plus de se rendre à Pondichéry. Il résolut de se rendre à l'île Rodrigue, et attendit cependant la marche des événements.

Il était sur le point de se rendre à ce nouveau point de station, où devait aussi observer de Pingré, quand il apprit qu'une frégate française devait partir de l'île de France pour la côte de Coromandel.

Le Gentil se décida à profiter de cette occasion pour se rendre au point choisi par l'Académie des Sciences ; mais il ne put quitter l'île de France sur cette frégate que vers le milieu de mars 1761 ! C'était déjà bien tard !

La frégate qui portait l'astronome français éprouva d'abord de longs calmes qui devaient désespérer Le Gentil, et qui ne le firent arriver que le 24 mai sur la côte de Malabar. Il lui restait donc à peine le temps de se préparer à l'observation. Par surcroît de malheur, le commandant de la frégate apprit que les Anglais étaient maîtres de Mahé et de Pondichéry. La frégate n'avait qu'une seule ressource, celle de fuir au plus vite ; ce fut ce qu'elle fit, et, au grand désespoir de Le Gentil, elle reprit la route de l'île de France.

Le 6 juin arriva !

La frégate se trouvait par 87 degrés de longitude est, et 5°45' de latitude sud.

Le ciel était pur, le Soleil splendide !

Le pauvre Le Gentil voulut faire quelque chose, et il observa le passage sur son navire, en y mettant tout le soin possible. Il

nota les heures de l'entrée et de la sortie ; mais avec quel degré
d'approximation obtint-il ces heures, en admettant même que
celles qu'il nota coïncidassent exactement avec l'instant des
contacts? Le voyage de l'académicien français était donc manqué! Le Gentil dut éprouver là une de ces contrariétés qui
prennent, pour un homme de science, les proportions d'un véritable chagrin : avoir fait tant de chemin sur le globe, avoir
supporté tous les ennuis, toutes les privations, tous les périls
d'une longue navigation, et n'arriver à rien, c'était à dégoûter
de la science d'observation ou, tout au moins, de la méthode
de Halley! Nous verrons cependant, en parlant du passage de
1769, que Le Gentil, relativement à cette méthode, n'était pas
au bout de *ses déboires!*

L'académicien de Pingré partit pour l'île Rodrigue au commencement de 1761, et y arriva au mois de mai.

L'île offrait peu de ressources et l'auteur de la Cométographie
ne put se faire construire un Observatoire. Ses instruments établis en plein air étaient exposés, à chaque instant, à être ren-
versés par des bouffées de vent, et il trouva à peine un moyen
de mettre sa pendule à l'abri des agitations de l'air. Malgré ces
inconvénients, les observations de de Pingré furent considérées
comme des plus sérieuses.

D'après ce que nous venons de relater, on voit que les climats,
des circonstances fâcheuses et des stations peu favorables ne
purent assurer aux observations des astronomes français que
nous venons de citer des résultats réellement satisfaisants.

Les nations étrangères avaient, elles aussi, fourni leur contingent d'observateurs pour les stations éloignées. La Russie avait
envoyé des astronomes jusque sur les confins de la Tartarie et
de la Chine. La Suède avait envoyé les siens en Laponie et dans
plusieurs stations du nord de la Suède. Les astronomes danois
observaient à Drontheim, en Norvége ; enfin l'Angleterre avait
envoyé deux observateurs, un à l'île Sainte-Hélène et l'autre à
Bencouly, dans l'île de Sumatra.

Ce dernier, embarqué sur un navire qui fut attaqué en route et désemparé, ne put arriver qu'au cap de Bonne-Espérance.

Comme le passage de Vénus sur le Soleil en 1761 était visible pour toute l'Europe, des observateurs nombreux, en dehors de ceux envoyés dans les stations lointaines ou qui s'y trouvaient déjà, coopérèrent à l'observation du phénomène.

Cent soixante-seize observateurs, répandus dans cent dix-sept stations, observèrent des phases du phénomène ou prirent des distances micrométriques; mais il ne fut publié que les observations de cent trente-sept observateurs, observations que l'on trouve dans les *Transactions philosophiques*, les *Mémoires de l'Académie des Sciences*, les *Mémoires de Mathématiques et de Physique*, le *Journal astronomique* du baron de Zach, le *Journal des Savants*, etc., etc. (¹).

Nous croyons intéresser le lecteur en mettant sous ses yeux un tableau contenant les noms des cent vingt stations d'observation, ceux des observateurs, avec les heures locales temps moyen relatives aux phases observées. Ce tableau, dont nous empruntons les données au Mémoire de ENCKE, fera ressortir le zèle avec lequel les observateurs du dernier siècle essayèrent d'obtenir les éléments propres à l'application des méthodes de HALLEY et de DE L'ISLE.

(¹) *Voir* le Mémoire de ENCKE, *Die Entfernung der Sonne von der Erde;* 1822.

Tableau des observations faites en 1761, pour le passage de Vénus sur le Soleil.

NOMBRE.	LIEUX des stations.	OBSERVATEURS.	ENTRÉE.	SORTIE.		DURÉE relative aux contacts internes.
			1er CONTACT interne.	2e CONTACT interne.	2e CONTACT externe.	
			h m s	h m s	h m s	h m s
1	Cap de Bonne-Esp.	Mason............	"	21.38. 3,3	21.55.34,6	"
2	Id.	Dixon............	"	21.37.59,3	21.55.32,6	"
3	Ile Rodrigue......	Pingré..........	"	0.34.57,9	"	"
4	Ile-de-France....	De Selingny.....	"	0.14.36,9	0.27.10,9	"
5	Tranquebar......	Cœurdoux.......	19.44.58,2	1.38.33,9	1.54.43,0	5.55.35,7
6	Madras..........	(d'après les Jésuites)	19.43.19,2	1.35. 9,8	1.51.15,9	5.51.50,6
7	Id.	Hirst............	19.46. 1,2	1.37.46,8	1.53.53,0	5.51.45,6
8	Grand-Mount.....	Duchoiselle......	19.45.15,2	1.35.38,8	"	5.50.22,6
9	Calcutta.........	Magee...........	20.19. 4,2	2. 9.42,8	2.25.47,0	5.50.38,6
10	Pékin...........	Dollier..........	22. 8.33,0	3.58. 8,1	4.16. 6,2	5.49.35,1
11	Selengisk.........	Rumovsky.......	"	3.19.44,4	3.37.49,8	"
12	Tobolsk..........	Chappe..........	18.58.36,3	0.47.31,9	1. 5.50,8	5.48.55,6
13	Saint-Johns.......	Winthrop.......	"	16.45.29,8	17. 3.58,0	"
14	Saint-Petersbourg.	Braun...........	16.24.26,2	22.17. 6,8	22.35.13,0	5.52.40,6
15	Id.	Krasilnikow.....	16.24.45,2	22.17.12,8	22.35. 9,0	5.52.27,6

Tableau des observations faites en 1761, pour le passage de Vénus sur le Soleil. (Suite.)

NOMBRE.	LIEUX des stations.	OBSERVATEURS.	ENTRÉE	SORTIE.		DURÉE relative aux contacts internes.
			1ᵉʳ CONTACT interne.	2ᵉ CONTACT interne.	2ᵉ CONTACT externe.	
			h m s	h m s	h m s	h m s
16	Saint-Pétersbourg.	Kurganov........	16.24.47,2	22.17. 9,8	22.35.11,0	5.52.22,6
17	Stockholm........	Wargentin	15.37.29,2	21.28.16,8	21.46.18,0	5.50.47,6
18	Id.	Klingenstierna...	15.37.35,2	21.28.29,8	21.46.17,0	5.50.44,6
19	Upsala..........	Mallet..........	15.36. 2,2	21.26.11,8	21.44.38,0	5.50. 9,6
20	Id.	Strömer........	15.36.11,2	21.26.15,8	21.44.22,0	5.50. 4,6
21	Id.	Melander........	15.36. 8,2	//	21.44.38,0	//
22	Id.	Bergmann........	15.35.49,2	21.26.17,8	21.44.39,0	5.50.28,6
23	Abo.............	Justander	15.53.56,2	21.45. 7,8	22. 2.51,0	5.51.11,6
24	Tornéa..........	Hellant..........	16. 2. 5,2	21.52.16,8	22.10.31,0	5.50.11,6
25	Id.	Lagerbohm	16. 2. 7,2	21.52.30,8	22.10.23,0	5.50.23,6
26	Cajaneborg.......	Planmann........	16.16.11,2	22. 6. 7,8	22.24.31,0	5.49.56,6
27	Hernosand	Gisler..........	15.36.32,2	21.27.28,8	21.44.44,0	5.50.56,6
28	Id.	Strom..........	15.36.41,2	//	21.44.56,0	//
29	Calmar..........	Wikström.......	15.31. 7,2	21.21.48,8	21.39.24,0	5.50.41,6
30	Carlscrona........	Bergström.......	//	21.18. 8,8	21.37.25,0	//

Tableau des observations faites en 1761, pour le passage de Vénus sur le Soleil. (Suite.)

NOMBRE.	LIEUX des stations.	OBSERVATEURS.	ENTRÉE.	SORTIE.	
			1ᵉʳ CONTACT interne.	2ᵉ CONTACT interne.	2ᵉ CONTACT externe.
				h m s	h m s
31	Carlscrona..............	Zegollström....	"	21.18.14,8	21.37.30,0
32	Landscrona.............	Brehmer...... ..	"	21. 7.29,8	21.25.32,0
33	Id.	Dehn.....	"	21. 7.32,8	"
34	Id.	Landberg.......	"	21. 7.56,8	"
35	Lund...................	Schenmark......	"	"	21.27.21,0
36	Id.	Burmester	"	"	21.27.25,0
37	Drontheim...........	Bugge	;	21. 1.35,8	21.18.24,0
38	Copenhague...........	Horrebow.......	"	21. 3.44,8	21.21.12,0
39	London, sar-House........	Short..........	"	20.16.30,3	20.35.14,5
40	Id.	Blair......... .	"	"	20.34.21,5
41	London, Spitalsq...........	Canton.........	"	20.16.49,8	20.35.13,0
42	Greenwich.............	Blifs	"	20.17. 8,8	20.35.18,0
43	Id.	Green	"	20.17. 8,8	20.35.18,0
44	Id.	Bird...........	"	20.17. 8,8	20.35.17,0
45	Hakney.................	Ellicota–Doll....	"	20.16.53,8	20.35.12,0

Tableau des observations faites en 1761, pour le passage de Vénus sur le Soleil. (Suite.)

NOMBRE.	LIEUX des stations.	OBSERVATEURS.	ENTRÉE. 1er CONTACT interne.	SORTIE. 2e CONTACT interne.	SORTIE. 2e CONTACT externe.
				h m s	h m s
46	Clerkenwellclose .	Heberden	"	20.16.37,8	"
47	Shirburn	Hornsby	"	20.13.18,8	"
48	Id.	Phelps	"	20.13.22,8	"
49	Leskeard	Haydon	"	19.58.30,8	20.16.34,0
50	Chelsea	Dunn	"	20.16.10,8	20.34.30,0
51	Paris (Observatoire royal)	Maraldi.	"	20.26.50,8	20.45. 3,0
52	Id.	Belleri	"	20.26.22,8	20.44.49,0
53	Id.	Rizzi-Zannoni	"	20.26.44,8	20.45. 5,0
54	Paris (Hôtel-Cluny)	Messier	"	20.26.38,8	20.44.46,0
55	Id.	Baudouin	"	20.26.35,8	20.44.55,0
56	Id.	Libour	"	20.26.39,8	20.44.52,0
57	Paris (Luxembourg)	Lalande	"	20.26.34,8	20.44.59,0
58	Paris (Louis-le-Grand)	Merville	"	20.26.48,8	20.45.13,0
59	Id.	Clouet	"	20.26.34,8	20.45. 4,0
60	Paris (École-Militaire)	Jeaurat	"	"	20.44.45,0

Tableau des observations faites en 1761, pour le passage de Vénus sur le Soleil. (Suite.)

NOMBRE.	LIEUX des stations.	OBSERVATEURS.	ENTRÉE.	SORTIE.	
			1er CONTACT interne.	2e CONTACT interne.	2e CONTACT externe.
				h m s	h m s
61	Sainte-Geneviève	De Barros	"	20.26.54	"
62	La Muette	Ferner	"	20.26.24	20.44.36,0
63	Id.	Noël	"	20.26.22	"
64	Id.	Fouchy	"	"	20.44.35,0
65	Conflans	La Caille	"	20.27. 3	20.45.15,5
66	Id.	Bailly	"	"	20.45.19,5
67	Id.	Turgot de B.	"	20.27.20	20.44.55,5
68	Saint-Hubert	Le Monnier	"	20.24.32	20.43. 0,5
69	Id.	La Condamine	"	20.24.55	20.43. 2,0
70	Vincennes	Prolange	"	20.26.58	20.45.21,0
71	Lyon	Béraud	"	20.36.53	20.55. 5,0
72	Rouen	Dulague	"	"	20.39.41,0
73	Id.	Bonin	"	"	20.39.47,0
74	Bayeux	Outhier	"	20.15.14	20.33.24,0
75	Beziers	De Mause	"	20.30.54	"

Tableau des observations faites en 1761, pour le passage de Vénus sur le Soleil. (Suite.)

NOMBRE.	LIEUX des stations.	OBSERVATEURS.	ENTRÉE. 1er CONTACT interne.	SORTIE. 2e CONTACT interne.	SORTIE. 2e CONTACT externe.
				h m s	h m s
76	Béziers	Clauzade	//	//	20.49.14,0
77	Montpellier	Tandon	//	20.33. 3	20.50.17,5
78	Id.	Romieu	//	20.33. 9	20.51.30,0
79	Id.	De Batte	//	20.33.23	20.51.30,0
80	Madrid	Bénévent	//	20. 5. 2	20.22.41,0
81	Id.	Ximénès	//	20. 5. 3	20.22.42,0
82	Id.	Rieger	//	20. 5. 5	20.23. 2,0
83	Lissabon	Ciera	//	19.42.35	20. 0.42,0
84	Porto	Ameida	//	19.42.14	20. 0.48,0
85	Rome	Audifredi	//	21. 7.46	21.26.16,0
86	Bologne	Zanotti	//	21. 2.43	21.20.39,0
87	Id.	Matteucci	//	21. 3. 7	21.21.16,0
88	Id.	Marini	//	21. 3. 7	21.21. 9,0
89	Id.	Frisi	//	21. 3. 3	21.21. 2,0
90	Id.	Cassali	//	21. 3. 9	21.20.59,0

Tableau des observations faites en 1761, pour le passage de Vénus sur le Soleil. (Suite.)

NOMBRE.	LIEUX des stations.	OBSERVATEURS.	ENTRÉE.	SORTIE.	
			1ᵉʳ CONTACT interne.	2ᵉ CONTACT interne.	2ᵉ CONTACT externe.
				h m s	h m s
91	Bologne	Canterzani......	"	21. 3. 5	21.21. 8,0
92	Florence..................	Ximénès.........	"	21. 2.37	21.21. 5,0
93	Vienne (observatoire)......	Hell............	"	"	21.41.19,0
94	Id. id.	Herberth........	"	"	21.40.53.0
95	Id. id.	Rain	"	"	21.40.58,0
96	Id. id.	Lysogorski......	"	"	21.41. 8.0
97	Id. id.	Cassini	"	"	21.40.58,0
98	Id. id.	Liesganigg	"	21.22.39	21.41. 0,0
99	Id id.	Scherffer........	"	"	21.40.44,0
100	Id. id.	Steinkellner.....	"	"	21.40.23,0
101	Id. id.	Mastalier	"	"	21.40.22,0
102	Vienne (faubourg Léopold).	Müller..........	"	"	21.41.22,0
103	Wetzlas	E. von Schlug...	"	21.18.57	21.36.59,0
104	München	Id. ...	"	21. 3.55	21.21.57,0
105	Ingolstadt	Kratz...........	"	21. 3. 8	21.21.13,5

Tableau des observations faites en 1761, pour le passage de Vénus sur le Soleil. (Suite.)

NOMBRE.	LIEUX des stations.	OBSERVATEURS.	ENTRÉE. 1er CONTACT interne.	SORTIE. 2e CONTACT interne.	SORTIE. 2e CONTACT externe.
				h m s	h m s
106	Ingolstadt.............	Kratz...........	//	21. 3. 5	21.20.31
107	Id.	»	//	21. 3. 6	21.20.38
108	Dillingen.............	Mauser.........	//	20.58.29	21.16.29
109	Würsburg.............	Hubert.........	//	20.59.21	21.16.58
110	Laibach.............	Schöttl.........	//	21.16.24	21.34.29
111	Göttingen.............	Tobie Mayer....	//	20.56.35	21.15. 3
112	Leipzig.............	Heinsius........	//	21. 6.16	//
113	Schewtzingen	Chr. Mayer.....	//	20.51.44	//
114	Leyden.............	Lulofs.........	//	20.34.59	//
115	Tyrnau.............	Weiſs..........	//	21.27.18	21.45.45
116	Constantinople.............	Porter.........	//	22.13. 9	22.30.29
117	Nürnberg.............	Kordenbusch....	//	20.57. 9	21.16. 9
118	Klosterbergen.............	Silberschlag.....	//	21. 3.43	21.19.40
119	Bayreuth.............	Gräfenhahn.....	//	21. 3.31	21.20.49
120	Regensburg.............	»	//	20.54.33	21.12.28

En examinant le tableau que nous venons de donner, on voit que les stations dans lesquelles on a pu observer la durée du passage, relativement aux contacts internes, ne se prêtaient pas à une utile application de la méthode de Halley. La différence maximum des durées, qui se rapporte aux passages observés à Tranquebar et à Tobolsk, n'atteignit pas *cinq minutes!* Aussi, en ce qui concerne cette méthode, les observations des durées contenues dans le tableau précédent ne fournirent rien de certain pour la parallaxe solaire ; les résultats varièrent, en effet, entre 10″,6 et 8″,94!...

Quant aux stations propres à l'emploi de la méthode de DE L'Isle, le résultat ne fut pas plus satisfaisant. La discussion des observations d'entrée et de sortie conduisit à des valeurs très-différentes. Pingré trouva, par cette méthode et en combinant un certain nombre d'observations, 10″,25 pour valeur de la parallaxe du Soleil, et des calculateurs anglais trouvèrent, l'un 8″,56 et l'autre 9″,7.

Cela tenait évidemment aux groupes différents d'observations dont les calculateurs firent usage, et aux erreurs que devaient inévitablement renfermer ces observations, effectuées avec des instruments d'une différence considérable et surtout avec cette ignorance de la difficulté de saisir le moment précis du contact, difficulté dont on ne se doutait même pas encore en 1761.

Les méthodes de Halley et de DE L'Isle, appliquées aux observations du passage de Vénus sur le Soleil, en 1761, ne donnèrent donc, dans la fin du xviiie siècle, aucune valeur certaine de la parallaxe solaire, qui se trouva comprise entre 8″,5 et 10″5, c'est-à-dire entre des limites plus étendues que celles admises avant le passage.

En 1822, Encke, alors sous-directeur de l'Observatoire de Seeberg, fit paraître un travail sur la « distance du Soleil à la Terre, déduite des observations relatives au passage de Vénus en 1761. »

Il fit usage, dans ce travail, de la méthode donnée par La-

GRANGE dans les Mémoires de Berlin (1766) pour calculer les phases du phénomène pour un lieu donné, et pour déterminer les pôles d'*entrée* ou de *sortie accélérées* ou *retardées*.

Il trouva les éléments suivants, pour un observateur situé au centre de la Terre :

Entrée du centre de Vénus sur le
    bord du Soleil à............. $14^h 22^m 10^s$ T. v. de Paris.
Milieu du passage à............ $17^h 30^m 22^s,5$
Distance minimum des centres.. $9' 34'',2$
Sortie du centre de Vénus à.... $20^h 38^m 35^s$
Durée du passage .... $6^h 16^m 25^s$

La formule donnant les heures des phases d'entrée pour un lieu distant de ζ des pôles d'*entrée*, accélérée ou retardée, était

$$T_e = 14^h 22^m 10^s \mp (6^m 40^s)\cos\zeta \quad (\text{T. v. de Paris}),$$

et la situation des pôles d'entrée était

Pôle   (Latitude.......... $20° 56'$ S.
d'*entrée accélérée*. (Longitude......... 134.48 O. de Paris.
Pôle   (Latitude......... 20.56 N.
d'*entrée retardée*. (Longitude......... 45.12 E. de Paris.

Le pôle d'*entrée accélérée* se trouvait, d'après cela, dans la mer du Sud, à l'extrémité *est* du groupe des îles de la Société.

Le pôle d'*entrée retardée* se trouvait vers le milieu de l'Arabie, près de la Mecque.

Nous voyons que le maximum de différence des heures d'entrées accélérées ou retardées ne pouvait pas dépasser 13 minutes.

La formule donnant les heures des phases de sortie pour un lieu distant de ζ' des pôles des *sorties* accélérées ou retardées était

$$T_s = 20^h 38^m 35^s \mp (6^m 40^s)\cos\zeta' \quad (\text{T. v. de Paris}),$$

et la situation des pôles de sortie :

Pôle des *sorties*   Latitude...........   46° 47′ S.
     accélérées.   Longitude....... ..   165.39 E. de Paris.

Pôle des *sorties*   Latitude ....   46.47 N.
     retardées.   Longitude........   14.21 O. de Paris.

Le pôle des *sorties accélérées* se trouvait donc un peu au sud de la presqu'île du Kamtschatka, et le pôle des *sorties retardées*, à environ 9 degrés au sud du cap de Bonne-Espérance.

Quant à la formule donnant la durée pour un lieu distant de l'arc ζ'' des pôles de durée *minimum* ou *maximum*, elle était

$$D = 6^h 16^m 25^s \mp (9^m 7^s) \cos \zeta'',$$

et la situation de ces pôles :

Pôle des durées   Latitude.... ....   52° 31′ N.
     raccourcies.   Longitude....... .   90.22 E. de Paris.

Pôle des durées   Latitude..........   52.31 S.
     augmentées.   Longitude........   89.38 O. de Paris.

Le premier pôle se trouvait placé en Sibérie, et le second dans les mers du Sud, non loin du cap Horn.

On voit, par le tableau que nous avons donné, que les stations sud manquèrent, relativement à la méthode de HALLEY, et que du reste le passage de 1761 n'était pas très-favorable à cette méthode, bien que la différence des durées pût aller jusqu'à 18 minutes.

L'astronome ENCKE a voulu utiliser le plus d'observations possibles du passage de 1761, pour la recherche de la parallaxe solaire ; et, pour éliminer l'influence des erreurs d'observation, il a fait usage de la méthode des équations de condition, que nous avons donnée, et de l'emploi de la méthode des moindres carrés pour la résolution de ces équations.

Il a discuté avec soin les longitudes des stations, en a rectifié quelques-unes et principalement celles de l'île Rodrigue, et a dressé un tableau contenant les longitudes *discutées* de 90 stations, ou déduites de recueils qui, en 1822, lui paraissaient offrir toutes les garanties.

Son Mémoire contient la méthode qu'il emploie (accompagnée d'un exemple), pour la formation de chacune de ses équations de condition. Cette méthode est celle que nous avons donnée pages 71 et suivantes. Après avoir établi ses équations, il les divise en deux classes : celles se rapportant aux observations faites dans les stations dont les longitudes ont plus de certitude et celles qui se rapportent aux observations faites dans les stations dont les longitudes sont moins certaines.

Les équations de la première classe sont au nombre de 90 et sont relatives à 7 premiers contacts internes, 39 deuxièmes contacts internes et 44 deuxièmes contacts externes ; les équations de la deuxième classe sont au nombre de 59 et sont relatives à 2 durées, 6 premiers contacts internes, 24 deuxièmes contacts internes et 27 deuxièmes contacts externes, ce qui fait en tout 144 équations de condition.

De la discussion et de la résolution de toutes ces équations de condition, ENCKE trouva que la parallaxe *moyenne* du Soleil devait être

$$8''.490525$$

moyenne des deux limites extrêmes

$$8'',429813 \quad et \quad 8'',551237,$$

fournies par la résolution séparée de ses groupes d'équations.

Ainsi qu'on peut le voir, par le rapide aperçu du travail de ENCKE que nous venons de donner, le résultat ci-dessus, sur lequel l'astronome allemand revint un peu en 1824, ne peut inspirer, au point de vue de l'approximation indiquée, aucune confiance.

Les observateurs de 1761, qui supposaient que l'appréciation du contact réel devait se faire avec cette précision indiquée par HALLEY, durent faire des erreurs relativement considérables, et

les longitudes d'un très-grand nombre de stations dont Encke
a fait usage, étant très-défectueuses, ses équations de condition se trouvent, en très-grand nombre, entachées d'inexacti-
tudes, que ne peut faire disparaître la méthode des moindres
carrés. Cette méthode lui a fourni seulement les valeurs de dR,
dD, dπ, d($R \pm r$) pouvant satisfaire le mieux à ses équations,
qui sont encore loin, cependant, d'être satisfaites avec les valeurs adoptées par lui.

PASSAGE DE 1769.

« L'expérience est notre plus grand maître, dit J.-D. CASSINI
dans son *Histoire du passage de* 1769 ; le fruit de ses leçons
nous indemnise du prix des années qu'elles nous coûtent. Le
principal but avait été manqué, en 1761, faute d'avoir observé
dans les lieux où les durées fussent assez différentes. Il était
essentiel de ne pas tomber une seconde fois dans le même inconvénient! »

Trois savants s'occupèrent spécialement, dès 1763, du choix
des stations. Ce furent DE LALANDE et PINGRÉ en France, et
HORNSBY en Angleterre. En 1764, DE LALANDE publia une mappemonde dans le genre de celle que DE L'ISLE avait publiée pour
le passage de 1761.

De l'examen de cette mappemonde et des Mémoires de PINGRÉ
et d'HORNSBY, il résulta que, relativement à la différence des *durées*, des observateurs devaient se transporter d'un côté vers le
milieu de la mer du Sud, la Californie et le Mexique, de l'autre
vers le pôle boréal, au nord de la Laponie et du Kamtschatka.

Trois observateurs furent désignés pour aller observer dans
ces parages éloignés.

« L'astronome allemand, le P. HELL, fut invité, dit J.-D. CAS-
SINI, à venir observer le passage de Vénus dans les États et aux
frais du roi de Danemark. »

Le P. Hell, parti le 28 avril 1768, accompagné du P. Saino-vis, son confrère, arriva à Copenhague au mois de juin, et se rendit à *Wardhuus*, au nord de la Laponie, où il arriva le 11 octobre 1768. C'est dans cet endroit, où se joignit à lui un autre observateur danois, *Borgrewing*, que l'astronome s'établit, passa l'hiver de 1769 et se disposa à l'observation du passage.

L'astronome français Chappe d'Auteroche, l'observateur ardent du passage de 1761, à Tobolsk, fut désigné pour aller observer le passage de 1769 aux îles Salomon, dans la mer du Sud ; mais, à cette époque, la mer du Sud était sous la domination de l'Espagne et l'on ne pouvait pénétrer dans ces mers que sur un vaisseau espagnol et avec la permission de la cour d'Espagne.

Le gouvernement d'Espagne refusa cette permission, mais cependant accorda à Chappe de s'embarquer sur la flotte espagnole qui partait pour l'Amérique septentrionale et lui permit de s'établir au Mexique, ou même en Californie, si la station lui paraissait plus convenable.

La cour d'Espagne nomma de son côté deux astronomes qui devaient accompagner l'astronome français et observer avec lui le passage de Vénus.

Chappe, sur l'avis de l'Académie des Sciences, se décida pour la Californie et choisit le lieu Saint-Joseph, au cap Saint-Lucas, qui lui donnait la durée la plus courte.

Un autre observateur français, Le Gentil, qui, par les circonstances que nous avons relatées, avait manqué le passage de 1761, s'apprêta lui aussi, par un zèle scientifique au-dessus de tout éloge, à faire l'observation du passage dans les mers de l'Inde. Le Gentil, à son retour à l'île de France, chagriné au possible de n'avoir pu observer utilement le passage de 1761, eut le courage de partir pour Pondichéry dès que l'occasion s'en présenta, et s'y installa pour attendre *pendant l'espace de huit années* le passage qui devait avoir lieu en 1769.

Le Gentil employa utilement ces huit années à des recherches sur l'Astronomie des brahmes, sur laquelle, à son retour en France, il publia un ouvrage intéressant.

Tant de persévérance, tant de courage méritaient une récompense, que le ciel cependant lui refusa. Le 3 juin 1769, au moment où l'infatigable observateur s'apprêtait à observer le passage, un nuage malencontreux vint couvrir le Soleil, et fit perdre au malheureux LE GENTIL le fruit de sa patience et de ses efforts.

PINGRÉ, qui avait observé le passage de 1761 à l'île Rodrigue, fut envoyé, par l'Académie des Sciences, au cap français de l'île Saint-Domingue.

L'Angleterre n'attendit pas la permission de l'Espagne pour envoyer un de ses astronomes observer le passage dans la mer du Sud.

Le 22 septembre 1768, le célèbre COOK, commandant la frégate *l'Endeavour*, partit pour une destination inconnue, emmenant avec lui l'astronome GREEN, élève de BRADLEY, et le docteur SOLANDER, savant naturaliste et élève de LINNÉ.

Après avoir doublé le cap Horn, l'*Endeavour* arriva, le 13 avril 1769, à l'île de O'Taïti, une de celles que COOK découvrit dans la mer du Sud. Ce fut là que les observateurs anglais s'établirent pour l'observation du passage de Vénus.

Le passage de 1769 avait tant surexcité le zèle des observateurs, par l'intérêt qu'il offrait encore, eu égard à la médiocrité du résultat des observations de 1761, par la rareté d'un phénomène que l'on trouvait si utile pour la connaissance des distances des corps célestes, que le nombre des observateurs qui, sur tout le globe, prirent part à l'observation, fut considérable.

« On savait qu'il devait s'écouler plus d'un siècle avant que le même phénomène se renouvelât, et cette circonstance était bien faite, dit l'historien de l'Académie, pour réveiller la curiosité des observateurs et leur faire redoubler d'efforts pour ne pas laisser échapper une circonstance si précieuse. »

Nous croyons intéresser le lecteur en mettant sous ses yeux, avec quelques détails, les observations faites par quelques-uns des observateurs français, qui observèrent une phase du phénomène. On verra combien presque toutes les observations ont été faites dans des conditions peu favorables.

Nous donnerons plus loin, comme nous l'avons fait pour le passage de 1761, un tableau indiquant les stations et les observateurs des différentes nations du globe, relativement à ce passage. Toutes les observations faites ne furent pas évidemment considérées dans la suite, comme pouvant être utilisées pour la recherche de la parallaxe solaire ; mais elles témoignent de l'intérêt que l'on prenait, dans le XVIIIe siècle, aux questions scientifiques, et particulièrement à celles relatives à l'Astronomie.

Disons d'abord que, par les Tables de HALLEY, on ne devait pas voir à Paris l'entrée de Vénus sur le Soleil et que, d'après les Tables de CASSINI, on devait au contraire la voir un peu avant le coucher du Soleil, ce qui eut lieu en effet. Remarquons en passant qu'en 1761 on ne put voir en France que la sortie de Vénus, et qu'en 1769, au contraire, on ne put voir que l'entrée.

Au château de Saint-Hubert, près de Paris, MM. LEMONNIER et DE CHABERT observèrent l'entrée de Vénus, en présence du roi de France.

La veille et la surveille le temps avait été mauvais et le ciel couvert ; il y eut même un orage le matin du 3 juin ; mais le ciel se découvrit un peu le soir, au moment où le phénomène eut lieu.

M. DE CHABERT observa avec une lunette simple de 18 pieds, et LEMONNIER avec une lunette achromatique de 10 pieds.

La marche de la pendule, qui était de $+36$ secondes sur le temps vrai, avait été déterminée les jours précédents par la méthode des hauteurs correspondantes.

L'observation se fit dans de mauvaises conditions : Vénus était mal terminée, très-irrégulière et le Soleil n'était élevé que de 2 degrés au-dessus de l'horizon. Les observateurs ne purent observer que l'entrée du centre de Vénus sur le disque, au moment d'une éclaircie ; les heures des contacts internes différèrent de 36 secondes.

A l'Observatoire royal de Paris, l'observation du phénomène fut tentée par MM. Cassini de Thury, Maraldi, le duc de Chaulnes et l'astronome du Séjour.

Le Soleil étant resté caché par les nuages jusqu'à 7ʰ38ᵐ, ces observateurs ne purent déterminer que l'instant du contact interne, au moment où le Soleil montra son bord oriental sortant d'un nuage.

Il y eut quinze secondes de différence entre les instants notés par Cassini et par du Séjour.

A l'Observatoire établi par l'abbé de la Caille, dans le collége Mazarin, le phénomène devait être observé par de Lalande et par l'abbé Marie, professeur de Mathématiques au collége Mazarin.

De Lalande avait fait venir une excellente lunette achromatique de Dollond, ayant 40 lignes d'ouverture, et il avait réglé avec soin sa pendule, placée dans la lanterne du haut de la coupole.

Les nuages qui couvraient le Soleil ne se dissipèrent un peu que lorsque Vénus *mordait* déjà depuis sept minutes sur le disque solaire.

L'abbé Marie *estima* que le centre de Vénus devait être en contact avec le bord du Soleil vers 7ʰ29ᵐ7ˢ.

« A 7ʰ38ᵐ10ˢ, dit de Lalande, Vénus était presque entièrement sur le Soleil ; il ne restait plus que 35 à 40 secondes de temps pour avoir le contact interne, mais un filet de nuages couvrit le bord supérieur du Soleil et ne laissa voir Vénus qu'à 7ʰ40ᵐ24ˢ. Vénus était alors avancée sur le Soleil, en sorte qu'il y avait au moins 4 secondes de degré entre les bords ! L'observation du phénomène était donc manquée. »

De Lalande se borna à déterminer quelques positions de Vénus sur le Soleil, et en conclut l'époque de la conjonction de Vénus, pour la comparer à celle prédite par lui en 1764, et à celle prédite par Pingré, en 1767.

Des observateurs s'étaient aussi établis au Cabinet de Physique du Roi, situé à la Muette ; c'étaient MM. D. Noël, garde de ce cabinet, de Bory, BAILLY, l'abbé Bouriot et de Fouchy.

Le ciel fut couvert toute la journée. Vers $7^h 10^m$ on aperçut un instant le Soleil et l'on vit que Vénus n'était pas encore entrée sur son disque.

A $7^h 21^m 6^s$, le Soleil parut encore un instant, et BAILLY, qui ne quittait pas l'œil de la lunette, s'écria que le bord du Soleil était légèrement entamé. A $7^h 21^m 51^s$, le Soleil reparut et l'on fut certain que le premier contact externe avait eu lieu.

Pour le contact intérieur, un nuage, qui ne se dissipa qu'à $7^h 38^m 33^s$, vint encore empêcher les quatre observateurs de le déterminer.

MM. de Bory et de Fouchy *estimèrent* cependant que ce contact avait eu lieu à $7^h 38^m 31^s$, temps vrai de l'Observatoire de la Muette. La pluie recommença et empêcha les observations des distances des bords des deux astres.

Nous voyons donc que les observations du passage faites à Paris, par des observateurs sérieux et même des astronomes illustres, n'eurent *aucune* valeur, non-seulement parce que ces observateurs n'étaient ni préparés ni exercés à l'observation de ce genre de contact, mais parce que le temps fut très-mauvais et que le Soleil se trouva beaucoup trop bas.

Le passage de Vénus de 1769 a été observé à Brest, dans deux endroits différents, avec toutes les précautions que l'on prend en Astronomie, pour s'assurer de l'instant précis d'un phénomène.

MM. Duval le Roy et Blondeau, professeurs d'Hydrographie, observèrent à l'Observatoire de la Marine, et MM. Fortin, professeur de Mathématiques, et de Verdun, officier de vaisseau, dans un autre point de la ville.

M. le Roy se servit d'une lunette de 14 pieds de Buttieri, que M. DE BUFFON avait apportée de Rome, et que DE LALANDE lui avait envoyée. M. de Verdun avait une lunette achromatique de 7 pieds de distance focale. MM. Fortin et Blondeau avaient chacun une lunette achromatique de 5 pieds.

Ces observateurs purent déterminer l'instant du contact intérieur, mais il y eut des différences énormes entre leurs appréciations; ainsi il y eut trente secondes de différence entre l'heure notée par M. de Verdun et celle notée par Duval le Roy. Ce dernier cependant était réputé excellent observateur, et pourtant, en tenant compte de la différence des temps — 2,5 du premier contact qui devait exister, relativement à la parallaxe, entre les heures de Brest et celle de Paris, et en corrigeant la longitude de Brest ($27^m 19^s$), on trouve que l'heure notée par M. de Verdun s'accorde complétement avec celle notée à Paris par l'éminent astronome CASSINI DE THURY ; mais c'est probablement purement accidentel.

DE LALANDE, en parlant des observations de Brest, fait remarquer que le contact noté par les quatre observateurs arriva à Brest plus tard qu'il ne devait arriver, d'après les heures notées à Paris. DE LALANDE admettait $27^m 23^s$ pour longitude de Brest (Observatoire), qui était celle portée sur la Carte de France et dans la *Connaissance des Temps*.

Il détermina à nouveau la longitude de l'Observatoire de Brest par les observations de l'éclipse de Soleil, obtenues par les mêmes observateurs le lendemain du passage de Vénus, et il obtint $27^m 30^s$ pour cette longitude, d'où il conclut que le retard du contact à Brest ne provenait pas d'une erreur sur la longitude.

Il s'empressa de signaler cette circonstance particulière du contact *en retard*, ce qui n'était probablement dû qu'à un de ces cas fortuits dans la manière d'observer des observateurs de Brest, et à l'erreur que DE LALANDE commettait sur la longitude de ce lieu.

Les observations que nous venons de rappeler ne furent pas les seules faites en France. Un grand nombre d'observateurs, qui sont indiqués dans le tableau que nous donnons ci-après, communiquèrent le résultat de leurs observations.

Parlons maintenant des observations faites hors France par des astronomes français.

A la Martinique, le P. Christophe, capucin, fit, d'après DE LALANDE, d'excellentes observations.

A Pékin, le phénomène fut observé par les PP. jésuites Dollières et Collas.

A l'île Saint-Domingue, un observatoire fut établi au nord de la ville du Cap français, dans un lieu appelé *la Maison rouge*, et situé par 19° 57′ 3″ de latitude nord, et 4ʰ 58ᵐ de longitude ouest.

Ce fut là qu'observèrent :

MM. PINGRÉ, astronome de l'Académie des Sciences;
De Fleurieu, commandant la frégate l'*Isis*;
Le chevalier de la Fillière, officier de vaisseau, embarqué sur la frégate;
Saqui-Destourès, commandant le détachement des gardes de la marine, embarqué à bord de l'*Isis*.

A ces observateurs se joignirent, dans le cours de l'observation, M. de Foucault, officier de vaisseau, et MM. les chevaliers d'Isle et de l'Éguille, gardes de la marine.

L'état de la pendule et sa marche furent déterminés par la méthode des hauteurs correspondantes.

« Le jour de l'observation venu, dit l'historien de l'Académie des Sciences, les quatre observateurs se disposèrent à la faire et convinrent entre eux que personne n'annoncerait aux autres l'instant du contact, ni par paroles, ni par signes, mais qu'ils la détermineraient chacun séparément. »

Le tableau que nous donnons plus loin montre que l'accord, entre les trois observateurs, fut aussi satisfaisant qu'on pouvait le désirer.

MM. de Fleurieu et PINGRÉ s'appliquèrent en outre pendant trois heures, c'est-à-dire jusqu'au moment où un nuage couvrit le Soleil, à déterminer la position de Vénus sur le disque solaire, en faisant passer les bords de Vénus et du Soleil par le fil horizontal du quart de cercle, et le fil vertical d'une lunette méridienne. Ils purent ainsi avoir, *approximativement,* la trajectoire décrite par Vénus sur le disque du Soleil.

Pendant ce temps M. Destourés prenait, à des instants très-rapprochés, la distance minimum de Vénus au bord du Soleil, avec un micromètre soigneusement étudié.

D'après ce que nous venons de rapporter, on voit que les obvations du Cap français furent faites avec toute l'exactitude que l'on pouvait demander, en 1769, à des observateurs consciencieux et pour un phénomène dont l'observation n'avait pas encore été suffisamment étudiée et discutée.

Ainsi que nous l'avons dit plus haut, l'abbé CHAPPE D'AUTEROCHE s'était rendu en Californie. Il s'installa au cap San-Lucar, au village de Saint-Joseph.

Son observatoire fut une grange à maïs, dont il fit percer le toit et recouvrir d'une toile que l'on pouvait hausser et baisser à volonté.

L'observatoire de CHAPPE contenait une lunette méridienne, une machine équatoriale et un quart de cercle, posés sur des massifs solides, faits exprès, et formés de pierres et de briques.

Sa pendule était fixée à un bloc de cèdre, très-dur, enfoncé et scellé de $2\frac{1}{2}$ pieds en terre.

La lunette, de 10 pieds de distance focale, destinée à l'observation des contacts, était suspendue à une potence portée par une poutre de 8 à 9 pouces d'équarrissage, de sorte qu'on pouvait facilement la mouvoir dans le sens horizontal et dans le sens vertical.

Le 28 mai, tous les préparatifs de l'astronome français étaient terminés. Sa pendule avait été réglée, et il avait déterminé la position de son observatoire, qu'il trouva situé par

$$23° 3' 20'' \text{ de latitude nord}$$

et

$$7^h 28^m 10^s \text{ de longitude ouest.}$$

CHAPPE, ses aides et l'officier espagnol don Vincent d'Oz, employèrent les jours qui précédèrent l'observation à suivre l'état et la marche de la pendule avec l'exactitude la plus scrupuleuse, et le temps favorisa tellement l'astronome français, que cette détermination fut aussi exacte que possible.

Le jour de l'observation, le ciel se montra d'une pureté remarquable. Incertain sur le point du limbe solaire où Vénus devait entrer, CHAPPE observa le premier contact externe avec la machine équatoriale.

Aux contacts intérieurs, il remarqua et nota le *ligament noir,* qu'il trouva plus marqué à l'entrée qu'à la sortie.

Premier contact interne. — « A l'entrée totale de Vénus, dit CHAPPE, j'observai très-distinctement le second phénomène, qui avait été remarqué par la plus grande partie des astronomes de 1761. Le bord du disque de Vénus s'allongea comme s'il eût été attiré par le Soleil. Je n'observai point pour l'instant de l'entrée totale celui où le bord de Vénus commençait à s'allonger ; mais, ne pouvant pas douter que ce point noir ne fît partie du corps opaque de Vénus, j'observai le moment où il était à sa fin ; de façon que l'entrée totale ne peut être arrivée plus tôt, mais peut-être plus tard de deux ou trois secondes. Le point noir était un peu moins obscur que le reste de Vénus ; je crois que c'est le même phénomène que celui que j'observai à Tobolsk, en 1761. »

Deuxième contact interne. — « Le Soleil était ondoyant ainsi que Vénus, ce qui rendait cette observation très-difficile. A ce contact, Vénus s'est allongée plus considérablement que le matin, en s'approchant tout à coup du bord du Soleil. »

Pendant toute la durée du passage, CHAPPE prit, à des instants bien déterminés, la différence d'ascension droite et de déclinaison entre les bords de Vénus et ceux du Soleil.

Il mesura plusieurs fois le diamètre de la planète avec son micromètre et le trouva de 57″,8. Le même diamètre, mesuré par le temps que mit Vénus à traverser le bord du Soleil, fut trouvé de 56″,4 ; enfin il mesura aussi la plus petite distance des centres.

Le lendemain et les jours suivants, les observateurs de Saint-Joseph continuèrent à déterminer la marche de la pendule par les hauteurs correspondantes.

Ce succès, obtenu par Chappe dans l'observation du phénomène, devait être payé bien cher !

« Il régnait, dit l'historien de l'Académie, dans le canton de Californie, une maladie épidémique dangereuse. Trois jours après l'observation, Chappe fut attaqué de cette maladie, et aucun des siens n'en fut exempt. »

Il était mieux cependant et était même entré dans une espèce de convalescence, mais l'amour de la science lui fit commettre une imprudence qui le conduisit au tombeau. Il voulut absolument, malgré son état de faiblesse, passer la nuit à observer l'éclipse de Lune, qui arriva le 18 juin. Cette fatigue lui occasionna une rechute dont il mourut, le 1er août, âgé de quarante et un ans ! Trois jours avant sa mort, il dit à ses amis : « Je sais bien qu'il faut finir et que je n'ai que peu de temps à vivre, mais j'ai rempli ma mission et je meurs content. »

L'Académie des Sciences reçut les observations d'un grand nombre d'observateurs étrangers. Peu d'entre eux semblent s'être préoccupés de la goutte noire ; cependant cette circonstance du phénomène fut encore signalée particulièrement par le P. Hell à Wardhuus et par le Dr Bévis, qui observa le passage à Kew, avec un télescope grégorien de 1 mètre de distance focale et de 15 centimètres d'ouverture.

« A $7^h 28^m 8^s$, dit de Lalande, en rapportant les observations du Dr Bévis, Vénus paraissait entièrement sur le Soleil, les deux bords semblaient se toucher ; mais, au lieu d'un trait de lumière que M. Bévis s'attendait à voir tout de suite entre les deux limbes, il les vit encore unis, pendant quelques secondes, par une espèce de ligament étroit qui était moins noir que le disque de Vénus, et qui lui était réellement adhérent comme le col d'une bouteille. »

Voici le tableau des observations du passage de 1769, publiées dans tous les Recueils scientifiques de l'époque.

Tableau des observations du passage de Vénus en 1769.
Observations relatives au passage complet.

| NOMBRE. | LIEUX des STATIONS. | OBSERVATEURS. | ENTRÉE. | | SORTIE. | | |
			1ᵉʳ CONTACT interne apparent t. m.	APPARITION du filet de lumière t. m.	DISPARITION du filet de lumière t. m.	2ᵉ CONTACT interne apparent t. m.	2ᵉ CONTACT externe t. m.
			h m s	h m s	h m s	h m s	h m s
1	Wardhuus	Hell	9.31.48,5	9.31.54,5	15.25.10,8	15.25.21,8	15.43.28,7
2	Id	Sainoviez	9.31.36,5	9.31.51,5	//	15.25.22,8	15.43.31,7
3	Id	Borgrewing	//	9.32.16,5	//	15.25.14,8	15.43.24,7
4	Cajaneborg	Planmann	//	9.18.29,5	//	//	15.30.14,1
5	Id	Uhlvyk	//	//	//	//	15.30.11,1
6	Kola	Rumovski	//	9.39.46,3	15.33. 7,4	15.33.21,4	15.30.11,1
7	Id	Ochtenski	//	//	15.33.28,1	//	15.30.11,1
8	Jakutsk	Isleineff	//	16.11.37,9	22. 0.22,7	//	22.16.43,5
9	Id	//	//	//	22. 0.23,7	//	22.16.43,0
10	Baie d'Hudson	Dymond	//	1.13.10,2	6.58.36,4	//	7.17. 8,2
11	Id	Wales	//	1.13. 6,2	6.58.33,4	6.58.57,4	7.16.49,2
12	Saint-Joseph	Chappe	//	0.15.11,3	5.52.37,1	//	6.11. 6,0
13	Id	Vincent d'Oz	//	0.15. 9,5	5.52.34,4	//	6.10.28,0
14	Id	Salvador	//	0.15.14,5	5.52.34,4	//	6.10.33,0
15	Sainte-Anne	Velasquez	//	0.11.54,5	5.51.23,0	//	6. 9.46,1
16	Taïti	Green	21.41. 0,2	21.41.40,2	3.11.50,3	3.12.38,3	3.30. 1,6
17	Id	Cook	21.41. 0,2	21.42. 0,2	3.12. 0,3	3.12.32,3	3.29.49,6
18	Id	Salander	21.41.12,2	21.41.47,2	//	//	3.30. 0,6

Tableau des observations du passage de Vénus en 1769. (Suite.)
Observations relatives à l'entrée seulement.

NOMBRE.	LIEUX des STATIONS.	OBSERVATEURS.	ENTRÉE.		
			1er CONTACT externe, t. m.	1er CONTACT interne apparent, t. m.	APPARITION du filet de lumière, t. m.
			h m s	h m s	h m s
19	Londres, sp. sq.....	Canton.........	7. 8.28,5	"	7.26.59,5
20	Id., Aust. fr......	Aubert..........	7. 8.13,0	"	7.26.51.0
21	Id., Middle T.....	Harsfall.........	7. 8.50,0	"	7.26.54,0
22	Greenwich........	Maskelyne.......	7. 8.4?,?	7.26.15,5	7.27. 7,4
23	Id...............	Hitchins.........	7. 8.38,?	7.26.31,5	7.26.41,4
24	Id...............	Horsley.........	7. 8.28,?	7.25.59,5	7.27.12,4
25	Id...............	Dunn...........	7. 8.24,?	7.27.12,5	7.27.32,4
26	Id...............	Dollond.........	7. 9. 3,0	7.27. 4,9	"
27	Id...............	Nairne..........	7. 9.14,0	7.27. 4,9	"
28	Id...............	Hirst...........	7. 8.55,?	"	7.27. 2,4
29	Kew.............	Bévis...........	7. 7.43,?	"	7.26. 1,5
30	Windsor.........	Harris..........	7. 6.14,0	"	7.24.22,0
31	Oxford..........	Hornsley........	7. 3.4?,?	7.21. 0,0	7.21.57,5
32	Id...............	Lucas...........	7. 3.56,?	"	"
33	Id...............	Clare...........	"	"	7.22.12,5
34	Id...............	Sykes...........	7. 3.44,4	"	7.22. 6,5
35	Id...............	Shukburgh.......	7. 3.52,4	7.21. 0,5	7.22. 9,5

Tableau des observations du passage de Vénus en 1769. (Suite.)
Observations relatives à l'entrée seulement.

NOMBRE.	LIEUX des STATIONS.	OBSERVATEURS.	ENTRÉE.		
			1er CONTACT externe, t. m.	1er CONTACT interne apparent, t. m.	APPARITION du filet de lumière, t. m.
			h m s	h m s	h m s
36	Oxford	Nikitin	7. 4.28,4	7.22. 0,0	//
37	Id	Williamson	7. 4.13,4	7.21.55,0	//
38	Id	Horsley	7. 3.23,5	//	7.22 12,5
39	Id	Jackson	//	//	7 22.11,5
40	Leicester	Ludlam	7. 4.44,9	7.22.41,0	7.22 52,9
41	Shirburn	Macclesfield	7. 5.34,0	//	7.23.13,0
42	Id	Bartlett	7. 4.48,4	//	7 23 10,5
43	East-Dereham	Wollaston	7.12.39,0	//	//
44	Hawkhill	Lord Alemoor	6.57.33,0	7.14. 0,0	7.14 32,0
45	Id	Hoy	6.57.30,0	//	7 14.35,0
46	Id	Lind	6.57. 1,0	//	7 14.37,0
47	Kirknewton	Bryce	6.57. 1,0	//	7.12.13,0
48	Glasgow	Wilson père	6.52.15,8	//	7. 9.41,2
49	Id	Wilson fils	6 52.12,4	//	7.10. 8,5
50	Id	Williams	6.52.12,4	//	7.10. 8,5
51	Hinkley	Robinson	7. 3.39,4	//	7.21.43,5
52	Leyburn	G. C.	7. 3.39,4	//	7.20.55,5

Tableau des observations du passage de Vénus en 1769. (Suite.)
Observations relatives à l'entrée seulement.

NOMBRE.	LIEUX des STATIONS.	OBSERVATEURS.	ENTRÉE.		
			1er CONTACT externe, t. m.	1er CONTACT interne apparent, t. m.	APPARITION du filet de lumière, t. m.
			h m s	h m s	h m s
53	Cap Lézard.........	Bradley...........	6.47.51,8	"	7. 6. 9,5
54	Cavan.............	Mason............	6.38.57,4	6.56.31,5	6.57. 9,5
55	Paris, Observatoire..	Cassini...........	"	"	7.36.37,5
56	Id...............	De Chaulnes.......	"	"	7.36.42,5
57	Id...............	Du Séjour.........	"	"	7.36.27,5
58	Id...............	Maraldi...........	"	"	7.35.34,5
59	Paris, Coll. L.-le-Gr.	Messier..........	"	"	7.36.29,5
60	Id...............	Baudouin	"	"	7.35.35,5
61	Id...............	Turgot...........	"	"	7.36.34,5
62	Id...............	Zannoni..........	"	"	7.36.25,5
63	Passy, Paris.......	De Bory..........	"	"	7.36.17,5
64	Id...............	Fouchy...........	"	"	7.36.17,5
65	Saint-Hubert.......	Le Monnier.......	"	"	7.32.44,0
66	Id...............	De Chabert.......	"	"	7.33.17,0
67	Colombes..........	Bernouilli........	"	"	7.35.58,5
68	Saron............	De Saron........	"	"	7.44.44,5
69	Rouen............	Dulague..........	"	"	7.31.24,5

Tableau des observations du passage de Vénus en 1769. (Suite.)
Observations relatives à l'entrée seulement.

NOMBRE.	LIEUX des STATIONS.	OBSERVATEURS.	ENTRÉE.		
			1ᵉʳ CONTACT externe, t. m.	1ᵉʳ CONTACT interne apparent, t. m.	APPARITION du filet de lumière, t. m.
			h m s	h m s	h m s
70	Rouen	Bouin............	"	"	7.31.30,5
71	Havre............	Dicquemare.......	7.10.54,4	"	7.28.34,5
72	Brest...	Verdun...........	"	"	7. 9.21,5
73	Id...............	Fortin...........	"	"	7. 9.28,5
74	Id...............	Blondeau.	"	"	7. 9.48,5
75	Id..	Le Roy...........	"	"	7. 9.51,5
76	Toulouse.........	Darquier.........	"	"	7.32.52,5
77	Id...............	Garipuy..........	"	"	7.33.14,5
78	Kergars..........	D'Après..........	"	"	7.13.39,5
79	Bordeaux.........	Faugère..........	"	"	7.25. 0,5
80	Id...............	La Roque.........	"	"	7.24.49,5
81	Caen.............	"	7. 7. 4,1	7.24.57,1	7.25.27,1
82	La Mission, près Caen	Pigott père........	7. 7.22,6	"	7.24. 8,6
83	Id...............	Pigott fils	"	"	7.24.39,6
84	Id...............	Rochefort.........	"	"	7.24.51,6
85	Agromonte.	De Quieros........	"	"	6.52.19,5
86	Cadix............	Tafino............	6.44.19,4	7. 0.14,5	7. 1.44,5

Tableau des observations du passage de Vénus en 1769. (Suite.)
Observations relatives à l'entrée seulement.

NOMBRE.	LIEUX des STATIONS.	OBSERVATEURS.	ENTRÉE.		
			1er CONTACT externe, t. m.	1er CONTACT interne apparent, t. m.	APPARITION du filet de lumière, t. m.
			h m s	h m s	h m s
87	Gibraltar	Jardine	6.48.52,4	"	7. 6. 5,5
88	Lübeck	Brasche	7.54.48,4	"	"
89	Id.	"	"	"	8.11.41,5
90	Id.	"	"	"	8.11.45,5
91	Bützow	"	"	"	8.15.14,5
92	Kiel	Ackermann	7.48.43,0	"	8. 7.23,0
93	Greifswalde	Mayer	8. 2.19,4	"	8.20.28,5
94	Id.	Rohl	8. 2.19,4	"	8.20.31,5
95	Stockholm	Wargentin	8.21.35,4	8.39.16,5	8.39.31,5
96	Id.	Ferner	8.21.53,4	"	8.39.32,5
97	Id.	Wilke	8.21.50,4	8.38.46,5	8.39.29,5
98	Upsala	Prosperin	8.19.56,4	"	8.37.36,5
99	Id.	Strömer	"	"	8.38.16,5
100	Id.	Melander	8.19.45,4	8.37.41,5	8.37.56,5
101	Id.	Bergmann	8.20.29,4	"	8.37.53,5
102	Id.	Salenius	8.19.59,4	"	8.37.59,5
103	Abo (Wauhal)	Gadolin	8.39.47,4	8.58.10,0	8.58.40,0

Tableau des observations du passage de Vénus en 1769. (Suite.)
Observations relatives à l'entrée seulement.

NOMBRE.	LIEUX des STATIONS.	OBSERVATEURS.	ENTRÉE.		
			1ᵉʳ CONTACT externe, t. m.	1ᵉʳ CONTACT interne apparent, t. m.	APPARITION du filet de lumière, t. m.
			h m s	h m s	h m s
104	Abo (Wanhal)......	Justander.........	"	"	8.58.36,5
105	Lund.............	Schenmarck......	8. 1.49,4	8.19.51,5	"
106	Id............	Nenzelius........	8. 1.59,4	8.19.44,5	"
107	Hernosand.......	Gifsler...........	8.20.44,4	8.37.56,5	8.38.51,5
108	Hammerfost.......	Dixon............	"	9. 0.11,0	"
109	Nordcap........	Bayley..........	"	9.11.45,5	9.12.40,5
110	Ponoï..........	Mallet.........	9.54.18,0	"	10.12.48,2
111	Philadelphie.......	Shippen..........	2.11.31,4	"	2.29.20,5
112	Id............	Williamson.......	2.11.30,4	"	2.29.11,5
113	Id............	Thomson.........	"	"	2.29.14,5
114	Id............	Prior...........	2.11.26,4	"	2.29.12,5
115	Id............	Ewing..........	2.11.32,4	"	2.29.10,5
116	Id............	Pearson........	2.11 34,6	"	"
117	Norriton..........	Rittenhouse......	2.10.33,4	2.27.39,5	"
118	Id............	Lukens..	2.10.57,4	2.27.52,5	2.28. 8,5
119	Id............	Smith...........	2.10.34,4	"	2.28.11,5
120	Lewestown........	Biddle...........	2.11.52,4	"	2.29.56,5

Tableau des observations du passage de Vénus en 1769. (Suite.)
Observations relatives à l'entrée seulement.

NOMBRE.	LIEUX des STATIONS.	OBSERVATEURS.	ENTRÉE.		
			1er CONTACT externe, t. m.	1er CONTACT interne apparent, t. m.	APPARITION du filet de lumière, t. m.
			h m s	h m s	h m s
121	Lewestown	J. Bailey	2.12.14,4	"	2.29.52,5
122	New-Cambridge	Winthrop	2.27.48,4	"	2.45.16,5
123	Providence	West	2.27.27,4	"	2.44.19,5
124	Baskeridge	Stirling	2.13.44,4	"	2.31.56,5
125	Willmington	Poole	2.10.33,2	"	2.28. 5,0
126	Newburg	Williams	2.27.58,4	"	2.46.28,5
127	Talbotcounty	Leeds	2. 8.15,0	"	2.23.30,0
128	Quebec	Holland	2.27.48,0	"	"
129	Coudre (b. Queb.)	Wright	2.30.40,4	2.48. 3,5	2.48.34,5
130	Mexico	Alzate	"	"	12.53.20,5
131	Cap Français	Fleurieu	2.23.58,9	"	2.42.29,5
132	Id	Lafillière	2.24. 0,9	"	2.42.25,5
133	Id	Destourès	2.24. 4,9	"	2.42.34,5
134	Id	Pingré	2.23.56,9	"	2.42.28,5
135	Martinique	Christophe	3.12.58,4	"	2.31.41,5

Tableau des observations du passage de Vénus en 1769. (Suite.)
Observations relatives à la sortie seulement.

NOMBRE.	LIEUX des STATIONS.	OBSERVATEURS.	SORTIE.		
			DISPARITION du filet de lumière, t. m.	2ᵉ CONTACT interne apparent, t. m.	2ᵉ CONTACT externe, t. m.
			h m s	h m s	h m s
136	Saint-Pétersbourg...	Mayer............	//	15.23.30,0	15.41.27,8
137	Id............	Euler..	//	15.23.34,7	15.41.17,8
138	Id............	Lexell............	//	15.23.27,7	15.41.10,8
139	Id............	Stahl............	//	15.23.20,7	15.41. 0,8
140	Gurief............	Lowitz...	16.50.42,0	//	17. 8.53,1
141	Id............	Inochodsow........	16.50.29,0	//	17. 8.25,1
142	Orenburg.........	Kraft......	17. 2.47,7	17. 2.53,2	17.21.21,1
143	Orsk............	Euler............	17.15.23,0	17.16.13,0	17.34.44,1
144	Pékin............	Dollières..........	21. 6.11,0	21. 6.30,0	21.24.47,1
145	Id............	Collas...........	//	21. 6.36,0	21.24.41,1
146	Dinapoor.........	Deglofs...........	19. 3. 9,0	//	19.21.23,1
147	Phesabad.........	Rose............	18.50.12,0	//	19. 8.34,1
148	Batavia..........	Mohr............	20.28. 0,0	//	20.46.18,1
149	Manille..........	De Ronas.........	21.23.32,0	//	21.41.13,1

Six stations, dont les observations ne purent s'effectuer en raison du mauvais temps, doivent être ajoutées à celles de ce tableau.

D'après ce que nous présente le tableau que nous venons de donner, nous voyons que 27 observateurs seulement du passage de 1769, sur les 149 qui prirent part à l'observation du phénomène, observèrent et notèrent les deux phases que nous avons indiquées relativement à un contact intérieur. Le moment de l'apparition du filet de lumière, *à l'entrée,* ou de la disparition du filet de lumière, *à la sortie,* fut généralement considéré, par les autres observateurs, comme le moment du contact demandé.

Si nous examinons les résultats publiés par les 27 observateurs ayant noté les deux phases d'un contact interne, nous trouvons des différences considérables entre le moment du contact apparent et celui de l'apparition ou de la disparition du filet de lumière.

Ainsi Wales, à la baie d'Hudson, trouve 24 secondes entre ces deux instants à la sortie ; il observait avec un télescope de 2 pieds grossissant 120 fois.

Green, à Taïti, trouve 40 secondes de différence à l'entrée et 48 secondes à la sortie entre les deux phases du contact, et Cook trouve dans le même lieu 60 secondes de différence à l'entrée et 32 secondes à la sortie ; ces deux observateurs observaient cependant avec deux télescopes semblables grossissant 140 fois !

A Greenwich, Maskelyne trouve 52 secondes de différence entre les deux instants du contact interne ; il observait avec un télescope de 2 pieds grossissant 140 fois ; et, dans le même lieu, Hornsby observant avec une lunette achromatique de 10 pieds, grossissant 50 fois, trouve 63 secondes de différence.

« Les différences entre les divers observateurs, dit Maskelyne (dans une Lettre insérée dans les « Transactions philoso-» phiques américaines) », me semblent en effet très-considérables, et plus grandes que je ne m'y attendais, vu que les télescopes étaient tous à peu près de même qualité, à l'exception du réflecteur de 6 pieds, dont la supériorité m'explique en grande partie la différence de 26 secondes dont Hitchins (¹) a observé le contact interne plus tôt que moi, car je puis me reposer sur ses observations. »

Hornsby, à Oxford, trouve $57^s,5$; il observait avec une lunette de $7\frac{1}{2}$ pieds, achromatique et grossissant 90 fois, et *Shukburgh,* observant aussi à Oxford, trouve 69 secondes.

L'observateur inconnu de Caen, observant avec un très-petit télescope, trouve la différence énorme de 150 secondes !

Wilke, à Stockholm, en employant aussi un très-petit télescope, trouve 43 secondes de différence entre les instants du contact interne à l'entrée.

Enfin Euler, observant à Orsk, avec une lunette de 12 pieds, a noté, pour les deux instants du contact, deux heures qui diffèrent de 50 secondes.

Nous voyons donc quelle incertitude règne sur la précision avec laquelle ces contacts intérieurs ont été observés. Dans les stations où l'instant de l'apparition ou de la disparition du filet de lumière a été seulement notée, on voit que, dans beaucoup de ces stations, le moment n'est pas le même pour les différents observateurs. Ainsi Le Monnier et de Chabert, au château de Saint-Hubert, ont 36 secondes de différence entre les instants notés par ces astronomes ; à Brest, entre Duval le Roy et de Verdun, il y a 30 secondes de différence, etc.

Quant aux contacts extérieurs, à *l'entrée,* les instants notés ne peuvent évidemment avoir aucune exactitude. Ceux relatifs à la *sortie* ont un peu plus de valeur ; mais, comme il est pourtant extrêmement difficile de pouvoir distinguer le moment où le limbe solaire, à la sortie de Vénus, a repris exactement sa forme circulaire géométrique, nous croyons que les 14 contacts extérieurs, donnés à la fin du tableau précédent, ne pouvaient avoir

---

(¹) *Voir* le tableau précédent.

aucune utilité réelle. Nous voyons du reste qu'à Saint-Pétersbourg il y a eu 27 secondes de différence entre les instants notés
par Mayer et Stahl ; et qu'à Gurief il y a eu 28 secondes de différence entre les appréciations des deux observateurs de cette
station.

Le nombre considérable d'observateurs que nous venons de
faire connaître ne fournit donc pas, ainsi qu'on peut le comprendre, maintenant que la question pratique a été plus étudiée, des
observations devant conduire au résultat attendu ; mais, en 1769
et les années suivantes, on n'y avait pas encore regardé de si
près et l'on ne se rendait pas encore bien compte des difficultés
pratiques de la méthode sur laquelle on avait fondé tant d'espérances, du moins en ce qui regarde l'approximation qu'on pensait
pouvoir obtenir.

Qui croirait que le zèle des calculateurs égala celui des observateurs, au point que plus de *deux cents* Mémoires furent
adressés à l'Académie des Sciences, sur la valeur de la parallaxe
solaire déduite de certains groupes d'observations?

Les résultats présentés différèrent évidemment entre eux,
mais indiquèrent cependant que, malgré la défectuosité des observations, en général, le but avait été beaucoup plus approché
en 1769 qu'en 1761.

Parmi les résultats déduits d'observations les plus sérieuses et
offrant le plus de garanties, nous citerons ceux de :

De Lalande, fixant la parallaxe solaire à 8″,50
Le P. Hell,   »   »   à 8″,70
Hornsby,   »   »   à 8″,78
Euler,   »   »   à 8″,82
Pingré,   »   »   à 8″,88

Bien que tous ces résultats se trouvent compris entre des
limites plus resserrées que celles 10″,6 et 8″,94 du passage de
1761, nous voyons qu'une grande différence existe encore entre
la parallaxe proposée par DE LALANDE et celle proposée par

Pingré ; et nous pouvons remarquer aussi que celle de de Lalande diffère notablement de celles obtenues par le P. Hell,
Hornsby ou Euler.

Les deux astronomes français paraissaient cependant parfaitement sûrs, l'un et l'autre, de leurs résultats, qui plaçaient pourtant le Soleil à des distances de la Terre différant de près de
1000 rayons terrestres !

De Lalande dit, dans son Mémoire, que, en s'appuyant sur
l'*ensemble* des observations de 1769, la parallaxe solaire est *in-
contestablement* de 8″,5 ; et Pingré, en combattant cette asser-
tion, dit : « De deux choses l'une, ou il ne faut tirer aucune
induction du passage de Vénus arrivé le 3 juin 1769, ou il faut
convenir que la parallaxe du Soleil est à très-peu près de 8″,8. »

Dans le premier Mémoire qu'avait présenté Euler et qui lui
avait fourni la parallaxe solaire 8″,82, ni les observations de
Taïti ni celles de Saint-Joseph n'entraient. Il reprit son travail,
en introduisant les observations de Green et de Chappe, et
trouva 8″,68.

Dionis du Séjour, en ne tenant compte que des observations
complètes, c'est-à-dire de celles où la durée totale du phénomène avait été obtenue, et en ayant égard aux passages de 1761
et 1769, trouva 8″,84 pour parallaxe solaire. Ainsi donc les résultats du passage de 1769 ne pouvaient pas encore satisfaire les
astronomes. La grande autorité scientifique de de Lalande faisait
incliner les esprits vers le résultat qu'il avait présenté. Des
doutes restaient encore sur la valeur réelle de la parallaxe solaire ; mais cependant cette parallaxe semblait maintenant devoir
être comprise entre 8″,5 et 8″,9.

Nous ne devons pas passer sous silence que les observations
du P. Hell à Wardhuus ont même donné lieu, de nos jours, à
des critiques justifiées par la manière dont ces observations ont
été publiées, et par les surcharges que certains chiffres du manuscrit ont subies.

On n'a pas, en effet, été sans remarquer que les observations de

Wardhuus, sur lesquelles repose particulièrement le résultat obtenu par le passage de 1769, n'ont été publiées qu'au mois de mars 1770 et que déjà la *Gazette de France* du 12 janvier 1770 avait annoncé que, d'après les discussions faites sur les observations du passage, la parallaxe solaire devait être de 9 secondes.

A l'occasion des discussions provoquées, dans ces derniers temps, par les observations de Wardhuus, M. FAYE a fait paraître dans les *Comptes rendus de l'Académie des Sciences* (t. LXVIII, p. 282) un fac-similé du manuscrit original de l'observation de Wardhuus, qui lui a été adressé par M. DE LITTROW, directeur de l'Observatoire, à Vienne.

« Cette espèce de procès-verbal, dit M. FAYE, a été probablement dressé à Wardhuus d'après les carnets remis au P. Hell par ses collaborateurs. Il porte des traces d'erreurs de transcription corrigées séance tenante avec la même encre et sans aucune affectation, et aussi quelques chiffres surchargés *plus tard* avec une encre plus noire; mais, ajoute M. FAYE, pour apprécier équitablement la portée de ces petites corrections, il faudrait recourir aux carnets primitifs des observateurs, carnets qui n'existent plus. »

Ce libellé prouve que le P. HELL n'a eu en vue que la détermination des contacts apparents et que, en notant à l'entrée le moment du contact réel et à la sortie l'apparition de la goutte noire, il a seulement voulu noter une singularité du phénomène dont, d'après M. FAYE, il ne se rendait pas bien compte.

« Pour le P. HELL, dit M. FAYE, les bords apparents du Soleil et de Vénus étaient des bords réels. Il connaissait bien pourtant le *fulgur* ou *filum lucidum*, noté par CHAPPE en Sibérie; mais, à ses yeux, ce phénomène devait être en retard sur le vrai contact de tout le temps employé par Vénus à franchir le filet de lumière; ce filet, pour devenir sensible, devait avoir une épaisseur en rapport avec la puissance optique de l'instrument employé ! Chose remarquable, il a été le seul astronome de son temps qui ne se soit pas mépris sur la prétendue *instan-*

tanéité de cette apparition ; enfin il ne prévoyait nullement cette goutte noire qu'il observa lui-même à la sortie ; longtemps encore après, il n'avait pas compris la connexité des apparences que les deux contacts internes présentent successivement et en ordre inverse. »

En soumettant au contrôle du calcul les instants des contacts réels de l'entrée et de la sortie, c'est-à-dire ceux relatifs à l'apparition de la goutte noire, et que le P. HELL ne supposait pas être l'observation qui serait seule utilisée, M. FAYE a trouvé que l'erreur de l'observation du P. HELL, observation qu'il a faite sans en connaître le sens, se réduit à + 2^s,2.

Avant de parler des travaux et des discussions auxquels ont donné lieu, dans le XIXe siècle, les observations du passage de 1769, nous ne croyons pas sans intérêt de donner un aperçu de la méthode employée par les astronomes du XVIIIe siècle, pour déduire la parallaxe solaire de deux observations de durée du passage de Vénus, faites en deux lieux différents.

Pour jeter plus de clarté sur cette méthode, nous la donnerons en l'accompagnant d'un exemple pratique, et nous prendrons celui choisi par DE LALANDE dans son *Traité d'Astronomie.*

Détermination de la valeur de la parallaxe solaire par la comparaison des observations du passage, faites à Cajanebourg par PLANMANN *et à Saint-Joseph, en Californie, par* CHAPPE.

Nous devons d'abord faire remarquer que l'observation de CHAPPE donne la durée relativement aux contacts *internes,* mais que PLANMANN n'a pas observé le *deuxième* contact interne.

Tableau des observations dont on fait usage.

ÉLÉMENTS du calcul.	CAJANEBOURG. Latitude 64° 13′ 30″ N.		SAINT-JOSEPH. Latitude 23° 3′ 36″ S.	
	ENTRÉE. 1ᵉʳ contact interne.	SORTIE. 2ᵉ contact externe.	ENTRÉE. 1ᵉʳ contact interne.	SORTIE. 2ᵉ contact interne.
	h m s	h m s	h m s	h m s
v. des contacts....	9.20.45,5	13.39.27	0.17.26,9	5.54.50,3
ongit. approchées...	1.41.21 E	1.41.21	7.28. » O	7.28. » O
v. de Paris........	7.39.24,5	13.51. 6	7.45.28,9	13.22.52.3
istance au milieu du passage...........	2.57.15,5	3.14.26	2.51.11,1	2.46.12,3

Disons d'abord en quoi consiste l'esprit de la méthode :

En adoptant une valeur 8″, 5, par exemple, pour la parallaxe solaire moyenne, il en résulte, d'après la troisième loi de KEPLER, une parallaxe moyenne pour Vénus. Il faut alors, à l'aide de ces deux parallaxes supposées, ramener les temps des contacts à ce qu'ils seraient s'ils avaient été pris du centre de la Terre. Les durées des passages relatives aux deux lieux devront alors se trouver *identiques* si la parallaxe solaire adoptée est la bonne. Dans le cas où ces deux durées *ramenées* ne sont pas égales, c'est que la parallaxe admise n'est pas la vraie. Alors on la modifie légèrement et par des essais successifs on trouve celle qui rend les deux durées égales.

Déterminons maintenant les éléments qui vont entrer dans le calcul.

En supposant la parallaxe solaire moyenne égale à 8″, 5, celle du 3 juin 1769, relative à la distance à laquelle, ce jour-là, la

Terre se trouvait du Soleil, était

$$8'',3\text{-}3 = P.$$

Celle que l'on en déduit pour Vénus, d'après la distance de Vénus à la Terre, déduite des formules du mouvement elliptique, était

$$29'',425 = \Pi.$$

On déduit de là

$$\Pi - P = 21'',052.$$

Le demi-diamètre apparent du Soleil, conclu du passage même de Vénus, était

$$15'43'',71 = d'$$

et celui de Vénus était

$$28'',60 = d.$$

On a donc

$$d + d' = 16'12'',31,$$
$$d' - d = 15'15'',11.$$

D'après les Tables de La Caille, on avait pour $10^h 14^m 10^s$ T. v. de Paris, le 3 juin 1769, heure de la conjonction inférieure écliptique de Vénus,

Longitude du Soleil	$73° 27' 27'',7$
Variation en 6 heures.	$14' 21''$
Déclinaison du Soleil.	$22° 26' 27''$
Variation en 6 heures.	$+ 1'45''$
Ascension droite du Soleil.	$72° 3' 21'',7$
Variation en 6 heures.	$15' 24'',7$
Équation du temps.	$+2^m.15^s,0$
Variation en 6 heures.	$- 2^s,4$

Soient

P (*fig.* 34) le pôle de la voûte céleste ;

S le centre du Soleil ;

V celui de Vénus.

Dans le triangle PVS, dans lequel, à l'aide de la « *Connaissance des Temps* » de 1769, on peut connaître, à un moment

Fig. 34.

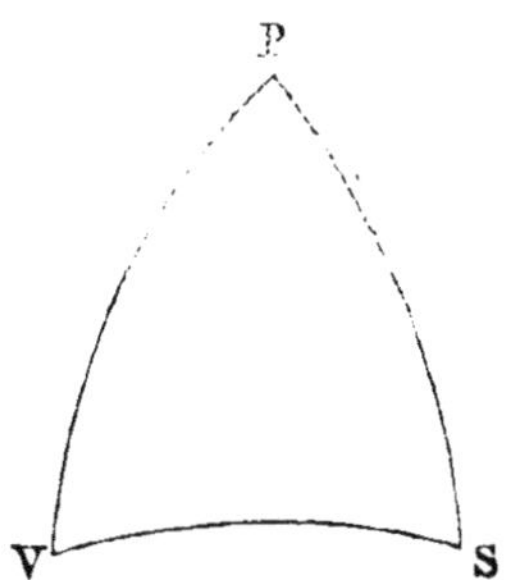

donné, les distances polaires PV et PS des centres des deux astres et l'angle VPS, différence de leurs ascensions droites, on peut calculer l'angle V pour une heure voisine d'un contact.

On trouve alors pour $7^h 30^m$, heure voisine du premier contact interne,

$$V = 7° 1' 45'',$$

et pour $13^h 30^m$, heure voisine du deuxième contact externe

$$V = 7° 5' 39''.$$

Ne considérons actuellement pour Vénus que la parallaxe relative, c'est-à-dire la différence des parallaxes de cette planète et du Soleil.

Soient

CC'C″ (*fig.* 35) le disque vrai du Soleil ;

S son centre ;

V la position *vraie* du centre de Vénus, au moment où l'observateur de Cajanebourg, par exemple, aperçoit la planète en D, tangente intérieurement au disque du Soleil ;

VMV′ l'orbite relative de Vénus, eu égard à un observateur situé au centre de la Terre. (Nous pouvons considérer la portion VMV′ comme rectiligne.)

Comme la parallaxe ne produit son effet que dans le plan du vertical, les points V et D doivent se trouver sur la verticale VD. Menons SOE parallèle à VD.

Fig. 35.

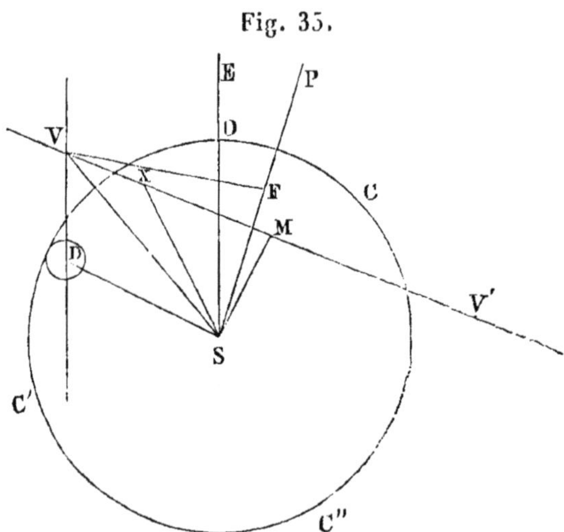

En menant SM perpendiculaire à VV', SM représentera la plus courte distance des deux astres.

Menons enfin SP parallèle à la portion de cercle de déclinaison passant en **V**.

Au moment où se fait le contact intérieur, pour l'observateur de *Cajanebourg*, la distance apparente

$$SD = d' - d = 15'15'', 11.$$

Nous allons déterminer, pour ce moment, la distance vraie SV.

Par les calculs que nous avons indiqués, on a pu, après avoir déterminé l'inclinaison de l'orbite relative et le mouvement horaire de Vénus sur cette orbite, obtenir approximativement l'heure du milieu du passage (toujours pour un observateur placé au centre de la Terre). Cette heure est, pour le passage de 1769,

$$10^h 36^m 40^s \quad \text{T. v. de Paris,}$$

et la plus courte distance SM est trouvée égale à

$$10'8''.$$

La distance VM peut alors s'obtenir en multipliant le mouvement horaire de Vénus, sur son orbite relative, par l'intervalle de temps écoulé entre le moment du contact *observé*, c'est-à-dire où Vénus était en V, et le moment du milieu du passage que nous venons d'indiquer.

Connaissant VM, on peut, à l'aide du triangle VSM, avoir une valeur approchée de l'angle MSV et de la distance *vraie* SV, par les deux relations

$$\text{tang MSV} = \frac{VM}{SM} \quad \text{et} \quad SV = \frac{SM}{\cos MSV}.$$

L'angle MSP, formé par la perpendiculaire à l'orbite relative et une parallèle au cercle de déclinaison de Vénus, est égal à l'inclinaison de l'orbite relative de cette planète sur l'équateur.

Cette inclinaison, calculée pour les heures de Paris correspondant aux instants des deux contacts considérés, pour chaque lieu, est donnée avec l'angle MSV dans le petit tableau suivant :

ÉLÉMENTS.	CAJANEBOURG.		SAINT-JOSEPH.	
	Entrée.	Sortie.	Entrée.	Sortie.
Angle MSV...	49° 24' 1"	51° 59' 47"	48° 24' 38"	47° 34' 8"
Inclinaison de l'orbite relative......	15° 30' 56"	15° 34' 50"	16° 30' 50"	15° 34' 35"

Pour avoir l'angle VSP, on voit, par la figure et pour le cas qui nous occupe, que l'on a

$$VSP = MSV - MSP.$$

On trouve ainsi, d'après les angles obtenus :

ÉLÉMENTS.	CAJANEBOURG.		SAINT-JOSEPH.	
	Entrée.	Sortie.	Entrée.	Sortie.
Angle VSP...	33° 53' 5"	67° 34' 37"	32° 53' 48"	63° 8' 43"

Menons VF perpendiculaire sur SP, le triangle VSP nous donne

$$SF = VS \cos VSP.$$

Cette quantité SF est évidemment la différence des déclinaisons vraies du centre du Soleil et du centre de Vénus, *au moment du contact ;* en ajoutant cette différence à la déclinaison vraie **du** Soleil, pour le même instant, on a celle de Vénus, parce que, **en** 1769, Vénus traversait la partie nord du disque solaire.

Le même triangle SVF donne aussi

$$VF = SV \sin VSP,$$

et il est évident que la différence d'ascension droite de Vénus et du Soleil, au moment considéré, est égale à

$$\frac{VF}{\cos \delta},$$

δ étant la déclinaison de Vénus.

Au moyen de cette différence d'ascension droite, et connaissant, pour les instants des contacts, l'angle horaire du Soleil, on pourra déterminer l'angle horaire de Vénus.

A l'aide de cet angle horaire, de la latitude du lieu (Cajanebourg) et de la déclinaison de Vénus, on pourra calculer la hauteur vraie de cette planète, ainsi que son angle de position qui est égal à ESP.

D'après les éléments donnés plus haut, on aura donc

parall. en hauteur de Vénus $= 29'',425 \times \cos$ haut. vraie de Vénus.

On trouve de cette manière une valeur approchée de la parallaxe en hauteur de l'astre, valeur qui, par un nouveau calcul, permet de l'obtenir plus exactement. On trouve aussi pour Cajanebourg, maintenant qu'on connaît la hauteur apparente de la planète,

$$VD = 21'',052 \times \cos \text{ hauteur apparente de Vénus.}$$

On peut, maintenant, obtenir exactement la valeur de la distance vraie SV. Le triangle SVD, dans lequel nous connaissons actuellement VD, SD et l'angle SVD $=$ VSE $=$ VSP $-$ ESP, donne

$$\sin \mathrm{DSV} = \frac{\mathrm{VD}}{\mathrm{SD}} \sin \mathrm{SVD}.$$

Connaissant les angles DSV et SVD, on a, pour faire comme DE LALANDE,

$$\mathrm{SV} = \frac{\mathrm{SD} \times \sin \mathrm{SVD}}{\sin \mathrm{DVS}}.$$

La distance vraie SV devra être calculée aux millièmes de seconde.

Connaissant SM et SV, le triangle SVM permettra d'obtenir MV, c'est-à-dire la distance vraie du milieu du passage à la position de Vénus correspondant à celle où, à *Cajanebourg*, on a observé le contact. En convertissant MV en temps, d'après le mouvement horaire de Vénus sur son orbite relative, on obtient le temps que met la planète à aller de V en M.

Le même triangle MVS nous donne aussi l'angle MVS.

Soit maintenant X le point de VM où se trouverait le centre de Vénus, au moment où un observateur, situé au centre de la Terre, verrait le premier contact intérieur *vrai*.

Dans le triangle SVX, nous connaissons SX, VS et l'angle XVS ; nous pouvons alors calculer VX qui, réduit en temps, d'après le mouvement de la planète sur son orbite relative, donne la différence de temps qui doit exister pour que la planète aille de V en X, c'est-à-dire pour que le contact intérieur ait lieu pour un observateur qui serait placé au centre de la Terre ; MX $=$ MV $-$ VX donnera l'intervalle écoulé entre ce premier contact et le milieu de la phase.

En agissant de la même manière que nous venons de l'indiquer pour le deuxième contact, la somme des deux résultats obtenus donnera la durée totale du passage *pour un observateur placé au centre de la Terre.*

En appliquant cette méthode aux deux contacts obtenus par CHAPPE, à Saint-Joseph, on trouve $5^h 41^m 48^s,4$ pour durée du passage.

Comme à Cajanebourg, PLANMANN a observé le premier contact *intérieur* et le deuxième contact *extérieur*; il y a une correction à faire pour obtenir l'intervalle relatif aux contacts intérieurs.

Soient X et X' (*fig.* 36) les positions vraies des centres de Vénus, déduites, ainsi que nous venons de le dire, pour les deux

Fig. 36.

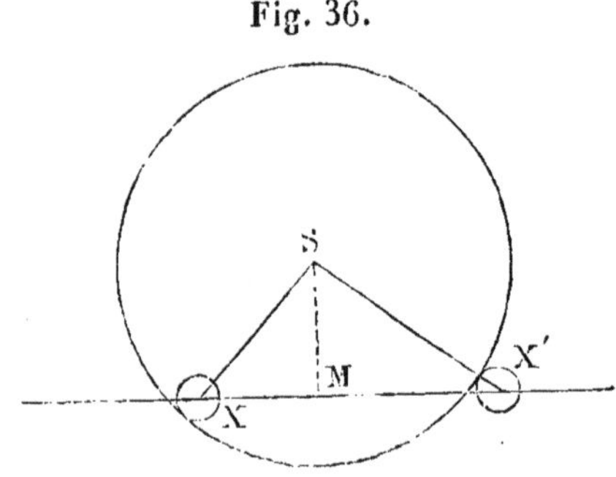

contacts vrais intérieur et extérieur. On trouve, en faisant le calcul pour Cajanebourg,

$$XX' = 1442'',871.$$

Dans le triangle XSX', on connaît les trois côtés; on peut donc calculer l'angle X et par suite, à l'aide du triangle XSM, dans lequel on a, par un calcul antérieur, déterminé SM, on peut connaître XM, qui, réduit en temps, eu égard à la vitesse de *Vénus* sur son orbite relative, fait connaître la demi-durée du passage. Le calcul donne

$$2^h 50^m 55^s,44.$$

Les observations de PLANMANN donnent, par suite,

$$5^h 41^m 50^s,9$$

pour durée totale, relativement à un observateur situé au centre de la Terre.

Cette durée est plus grande de $2^s,4$ que celle déduite des observations de CHAPPE.

Voyons maintenant quelle est l'influence de la parallaxe *sur la durée*, dans les deux lieux considérés. On a

$$
\begin{array}{lll}
\text{A } \textit{Cajanebourg.} & \begin{cases} \text{Durée observée.......} & 6^h 11^m 41^s,5 \\ \text{Durée calculée pour le} & \\ \quad \text{centre de la Terre..} & 6^h 0^m 32^s,7 \end{cases} & \begin{array}{l}\text{Différence.} \\ +11^m,\ 8^s,4 \end{array} \\
\text{A } \textit{Saint-Joseph.} & \begin{cases} \text{Durée observée.......} & 5^h 37^m 23^s,4 \\ \text{Durée calculée........} & 5^h 41^m 48^s,4 \end{cases} & -4^m,25^s
\end{array}
$$

La parallaxe a donc augmenté la durée à Cajanebourg de $11^m 8^s 4$ et l'a diminuée de $4^m 25^s$ à Saint-Joseph.

Or nous savons que la grandeur des durées est proportionnelle à la parallaxe solaire; donc la différence des durées est aussi proportionnelle à cette parallaxe. Si donc, pour $8'',5$ de parallaxe solaire adoptée, les deux durées à Cajanebourg et à Saint-Joseph diffèrent de $15^m 33^s,4$, il faudra faire varier cette parallaxe de x'' pour que les deux durées varient de

$$2^s,4.$$

Par cette simple proportion, on trouve

$$x'' = 0,02,$$

et la parallaxe se trouve être alors égale à

$$8'',48.$$

L'erreur que l'on peut commettre, fait remarquer DE LALANDE, sur les valeurs de SM et de SD influe très-peu sur les valeurs de VX, et l'on peut remarquer que, si la parallaxe supposée $8'',5$ augmente ou diminue, la valeur XV, en temps, augmente dans le même rapport.

En comparant de cette manière, deux à deux, cinq des durées qui ont été observées en 1769, DE LALANDE a obtenu des valeurs assez différentes, ainsi que le fait voir le tableau suivant :

Parallaxe solaire.

LIEUX de comparaison.	AVEC CAJANEBOURG (Planmann).	AVEC WARDHUS (P. Hell).
Baie d'Hudson (Dymond et Wales)	8″,49	9″,08
Saint-Joseph (Chappe)..........	8″,48	8″,81
O'Taïti (Green et Cook)........ .	8″,52	8″,72

Ce tableau montre combien les observations du P. HELL à Wardhuus fournirent une parallaxe relativement considérable. DE LALANDE adopta pourtant 8″,5.

Ces résultats divergents obtenus pour la parallaxe solaire, à la suite des observations de 1769, ne découragèrent pas les calculateurs.

Dans le XIXe siècle, de nouvelles discussions des observations de ce dernier passage ont été reprises.

DELAMBRE a trouvé, d'après ses propres recherches, 8″,56 pour la parallaxe solaire moyenne.

De Ferrer, dans un travail publié après sa mort, en 1832, dans les *Mémoires de la Société astronomique de Londres*, a trouvé 8″,58, valeur qui ne comporte pas, d'après lui, plus de 0″,03 d'erreur.

Enfin ENCKE, en 1824, a publié, sur le passage de 1769, un Mémoire analogue à celui dont nous avons parlé relativement au passage de 1761.

Nous allons donner un aperçu de ce travail dans lequel l'astronome allemand a fait usage des méthodes employées par lui dans son Mémoire de 1822. Voici d'abord les éléments qu'il a trouvés, relativement à un observateur situé au centre de la Terre :

Passage de 1769.

Entrée du centre de Vénus sur le
  bord est du Soleil à.......... $7^h 36^m 16^s$ t. v. de Paris.
Milieu du passage à............. $10^h 36^m 42^s,3$
Distance minimum des centres... $10' \ 8'',1$
Sortie du centre de Vénus à..... $13^h 37^m 12^s,8$
Durée du passage............... $6^h \ 0^m 56^s,8$

La formule donnant les heures des phases d'entrée, pour un
lieu distant de ζ des pôles d'entrée *accélérée* ou *retardée*, est

$$T_e = 7^h 36^m 16^s,0 \mp (7^m 2^s,4)\cos\zeta \ (\text{Temps vrai de Paris}),$$

et la situation des pôles d'entrée était :

Pôle des entrées (Latitude........ $49° 32' 48''$ N.
  accélérées.   (Longitude......   5. 3.16 E. de Paris.
Pôle des entrées (Latitude........   49.32.48 S.
  retardées.   (Longitude......   174.56.44 O. de Paris.

Le pôle des entrées *accélérées* se trouvait donc dans les environs de Manheim, dans le grand-duché de Bade, et le pôle des
entrées *retardées* se trouvait non loin de la Nouvelle-Zélande,
dans le sud-est de l'île de Chatham.

Le maximum de différence des heures d'entrées accélérées et
retardées atteignait environ quatorze minutes.

La formule donnant les heures des phases de *sortie,* pour un
lieu distant de ζ' des pôles des *sorties* accélérées ou retardées,
était

$$T_s = 13^h 37^m 12^s,8 \mp (7^m 2^s,8)\cos\zeta',$$

et la situation des pôles de sortie était :

Pôle des sorties (Latitude....... $22° 29' 40''$ S.
  accélérées.   (Longitude .....   125.54. 5 O. de Paris.
Pôle des sorties (Latitude.......   22.29.40 N.
  retardées.   (Longitude .....   54.54.15 E. de Paris.

Le pôle des sorties *accélérées* se trouvait donc dans la mer du Sud, non loin de l'île de Pâques, et le pôle des sorties *retardées* dans les environs de Mascate.

La formule donnant la durée, pour un lieu distant de ζ'' des pôles de durée minimum ou maximum, était

$$D = 6^{h}0^{m}56^{s},8 \mp (12^{m}54^{s},1)\cos\zeta'',$$

et pour la situation de ces pôles on avait :

Pôle des durées	Latitude.......	38° 37′ 18″ S.
raccourcies.	Longitude.....	145.21.36 O. de Paris.
Pôle des durées	Latitude.......	38.37.18 N.
augmentées.	Longitude. ...	34.38.24 E. de Paris.

Le premier pôle se trouvait placé dans les mers du Sud, non loin des îles de la Société, et le second au nord de l'Arabie; et l'on voit que la différence des durées pouvait aller à près de vingt-six minutes.

D'après les indications que nous venons de donner et les lieux de stations contenus dans le tableau ci-dessus, les stations auraient pu être choisies un peu différemment qu'elles ne l'ont été; mais la détermination des longitudes ne s'effectuait pas, en 1769, avec cette exactitude relative que l'on obtient aujourd'hui, et les stations éloignées ne présentaient pas non plus la sécurité et les ressources qu'elles peuvent offrir de nos jours, grâce au développement de la navigation et du commerce dans les mers lointaines.

Après avoir discuté les lieux d'observation, les observations elles-mêmes et les résultats qu'en ont déduits certains calculateurs, Encke donne les observations de l'éclipse de Soleil qui suivit de quelques heures le passage de Vénus, et qui fut observée par plusieurs observateurs de ce passage. Cette éclipse de Soleil lui sert à discuter les longitudes d'un certain nombre de stations.

Il corrige certaines longitudes à l'aide d'observations d'occultations d'étoiles et indique ensuite les documents dans lesquels il a puisé les longitudes des autres stations.

Après avoir dressé le tableau de toutes les observations publiées, en indiquant leur source, il forme, à l'aide de la méthode qu'il a employée pour le passage de 1761, ses équations de condition.

Ces équations se divisent en 83 de première classe dont 75 sont relatives à l'entrée et 8 à la sortie, et 23 équations de seconde classe dont 19 relatives à l'entrée et 4 à la sortie.

Voici le tableau des stations relatives aux observations qui ont servi à ENCKE à établir ses 106 équations de condition.

Stations relatives aux équations de 1re classe.

STATIONS.	LONGITUDE de Paris.	STATIONS.	LONGITUDE de Paris.
	h m s		h m s
Wardhuus.	1.55. 3,4 E	Colombes.	0. 0.20,5 O
Cajanebourg.	1.41.38.7 E	Saron.	0. 5.35,4 E
Baie d'Hudson . . .	6.26.14,0 O	Rouen.	0. 4.57,0 O
Saint-Joseph.	7.28. 4,0 O	Brest.	0.27.16,0 O
O. Taïti.	10. 7.16,0 O	Toulouse.	0. 3.35,0 O
Londres, Sp. sq..	0. 9.39,0 O	Bordeaux.	0.11.34,5 O
Id., Aust. fr.. .	0. 9.41,0 O		0.11.37,5 O
Greenwich	0. 9.21,8 O	Caen.	0.10.48,0 O
Windsor.	0.11.42,0 O	Greifswalde.	0.44. 0,0 E
Oxford.	0.14.21,0 O	Stockholm.	1. 2.51,7 E
Leicester.	0.13.57,0 O	Upsala.	1. 1.12,0 E
Shirburn.	0.13.18,0 O	Hernosand.	1. 2. 7,0 E
Hawkhill.	0.21.55.0 O	Philadelphie.	5.10. 7,0 O
Glasgow.	0.26.28,0 O	Norriton.	5.10.59,0 O
Paris, Obs. roy..	0. 0. 0,0 O	New-Cambridge..	4.53.46,0 O
Id., Coll. Louis-		Providence.	4.54.47,0 O
le-Grand. . . .	0. 0. 2,0 E	Willmington.	5.11.42,0 O

Stations relatives aux équations de 2ᵉ classe.

STATIONS.	LONGITUDE de Paris.	STATIONS.	LONGITUDE de Paris.
	h m s		h m s
Kola............	2. 2.38,4 E	Cadix............	0.34.31,0 O
Londres, Midl. T.	0. 9.37,0 O	Gibraltar........	0.30.39,0 O
Kew............	0.10.26,0 O	Ponoï............	2.35. 8,6 E
Oxford..........	0.14.21,0 O	Lewestown......	5.10. 6,0 O
Caplizard........	0.30.12,0 O	Newbury........	4.52.20,0 O
Cavan..........	0.39.23,0 O	Coudre....	4.50.54,0 O
Passy..........	0. 0.14,5 O	Gurief....	3.18.38,0 E
Agromonte......	0.43.50,0 O	Orenburg.......	3.31.10,0 E

Malgré la discussion et les recherches nouvelles que contient
le travail de ENCKE sur la longitude de ces stations, beaucoup
d'entre elles n'ont pas l'exactitude nécessaire, ainsi que cela a
depuis été constaté.

La résolution de ses équations, par la méthode des moindres
carrés, lui a donné finalement pour parallaxe équatoriale moyenne
du Soleil

$$8'',6030 - 0,0112\,d\rho,$$

avec une erreur ne dépassant pas $\pm 0,460$, $d\rho$ étant l'erreur
du diamètre du Soleil au moment de l'observation.

Mais ce second Mémoire contient, sur la méthode des moindres
carrés, une remarque importante citée par M. Powalky et relative à l'application de la méthode de HALLEY et à la méthode de
DE L'ISLE.

« La méthode des moindres carrés, dit-il, appliquée avec dis-
cernement, fournit sans doute les résultats les plus probables et
les plus exacts ; mais elle repose entièrement sur cette supposi-
tion, que la certitude relative des observations est connue exac-

tement. L'influence d'une erreur commise dans cette appréciation, ou d'une cause étrangère quelconque, s'affaiblit et s'efface presque pour une observation isolée, dès qu'elle est escortée par un grand nombre d'autres observations, qui ne sont point affectées d'erreurs analogues; mais il n'en est plus ainsi lorsque, comme ici, l'étendue des groupes d'observations dont les différences fournissent la valeur d'une inconnue est très-inégale. Dans ce cas, l'erreur possible qu'une cause non appréciable peut introduire dans le résultat final, déduit d'un nombre trop petit d'observations isolées, quoiqu'elle influe à peine sur l'erreur moyenne de toutes les observations, sera néanmoins trop considérable pour qu'on ne doive pas désirer de pouvoir acquérir, par un autre moyen, quelque lumière sur la vérité de l'hypothèse qu'on a faite.

» Aux deux extrémités de la base qui, pour ainsi dire, a servi à déterminer la parallaxe, une crainte de cette nature paraît assez justifiée. Toutes les observations *européennes* présentent cet inconvénient, que le Soleil a été très-bas, et, si l'on ne peut pas dire la même chose de Taïti, l'accord peu satisfaisant des instants notés par le même observateur, soit entre eux, soit avec ceux des autres observateurs, peut faire craindre ici une incertitude semblable. On ne saurait exclure ces deux groupes à la fois; cependant j'ai essayé au moins d'obtenir les valeurs des inconnues de deux manières différentes : d'abord en considérant comme non avenues les observations de Taïti, ensuite en excluant toutes celles qui ont été faites en Europe.

» Les résultats obtenus sans les observations de Taïti s'accordent en tous points très-approximativement avec les valeurs déduites de l'ensemble des observations.

» L'exclusion des observations européennes est restée également sans influence sur la valeur de la parallaxe. Que la position de Vénus serait changée si fortement, cela était facile à prévoir, puisque, en exceptant les contacts internes observés en Amérique, nous n'avons que des durées au lieu des instants absolus des contacts. L'accord des valeurs de la parallaxe prouve que cette valeur répond aux durées observées dans la baie d'Hudson, en Californie et à Taïti, et la différence d'ascension droite de Vénus, par rapport à la première détermination (différence d'un peu plus d'une seconde), s'explique par ce fait, qui résulte des équations de condition et des tableaux des erreurs, que l'entrée a été observée en Amérique douze secondes en moyenne plutôt qu'en Europe.

» Le plus grand degré possible de certitude, ajoute Encke, s'obtiendrait, pour la parallaxe, par les observations données, si la longitude de toutes les stations *était déterminée d'une manière sûre,* de sorte qu'il fût possible de faire servir chaque entrée et chaque sortie séparément à la formation d'une équation de condition. »

Cette valeur de la parallaxe solaire, déduite d'un travail et d'une discussion plus complète des observations de 1769, fut adoptée pendant quelques années par les astronomes; mais des recherches faites depuis sur cette parallaxe, par d'autres méthodes, et les résultats différents de celui de Encke, donnés par ces méthodes indirectes, ont laissé dans l'esprit des astronomes un doute considérable sur l'exactitude des observations les plus sérieuses du passage de 1769.

Mais, avant de rejeter définitivement les observations de 1769, quelques savants ont voulu encore examiner de plus près la question traitée si savamment par Encke, et ont cru pouvoir établir que l'incertitude du résultat obtenu par le directeur de l'Observatoire de Berlin tient surtout à l'introduction de certains contacts apparents considérés comme les contacts réels, et *aux erreurs qui affectent un grand nombre de longitudes employées.*

En 1864, M. Powalky, astronome allemand, a donc eu l'idée de reprendre, en suivant la méthode de Encke, la détermination de la parallaxe solaire au moyen des observations de 1769; mais il s'est proposé de ne faire usage que des observations concernant d'une manière certaine les contacts *réels*, et effectuées dans des stations dont les longitudes, d'après les plus récentes déterminations, lui ont paru mériter le plus de confiance.

Son Mémoire, traduit en français par M. Radau, a été publié, sous la responsabilité de l'auteur, dans les *Additions* à la *Connaissance des Temps* de 1867.

Dans ce Mémoire, M. Powalky discute 44 observations faites dans 19 stations, dont il pense avoir la longitude *aussi exacte que possible*. A la suite de cette discussion, il ne croit devoir conserver, pour la formation de ses équations de condition, que 27 de ces observations, en donnant le poids $\frac{1}{2}$ à six d'entre elles. Les observations qu'il a éliminées ne lui ont pas inspiré assez de confiance, ou il a trouvé que le Soleil était trop bas pour que que le contact pût avoir été obtenu avec une exactitude suffisante. En lisant cette discussion de M. Powalky, on est étonné que le savant allemand ait cru devoir rejeter les observations de Winthrop, faites à Cambridge (Massachusetts), celles faites par Owen Biddle et Bailey à Jewes, par Williams à Newbury, par West à Providence, et par Stirling à Baskeridge, et cela parce que ces observations ne s'accordent pas avec celles de Shippen à Philadelphie, qu'il a adoptées comme exactes. D'après M. Powalky, tous les observateurs que nous venons de citer auraient noté trop tard l'instant du contact, relativement à l'apparition du filet lumineux.

Nous avons vu combien l'instant noté par un observateur, relativement à l'apparition ou à la disparition du filet lumineux, peut dépendre de causes différentes, dues à l'observateur lui-même, à la lunette employée ou à l'atmosphère.

M. Powalky a donc fait seulement servir à la formation de ses équations de condition les observations de *treize stations* que nous indiquons dans le tableau suivant :

STATIONS.	GENRE DE CONTACT.		OBSERVA-TEURS.	NOMBRE d'équations.
Greenwich......	Entrée, contact interne.		Hitchins...	1
Wardhuus.......	Entrée, contact interne.		Sainowics.	1
	Sortie	contact interne. contact externe.	Hell......	2
Fort-du-Prince-de-Galles.....	Entrée, contact interne.		Dymond..	1
	Id., id.		Wales....	1
Philadelphie.....	Entrée, contact interne.		Shippen..	1
Saint-Domingue.	Entrée	contact externe.	Pingré.... Fleurieu.. La Fillière. Destourès.	4
		contact interne.	Pingré.... Fleurieu.. Destourès.	3
Martinique......	Entrée, contact interne		Christophe	1
San-José (Californie).......	Entrée, contact interne.		Chappe... Vinc. d'Oz. Medina...	1
	Sortie, contact interne.		Chappe... Vinc. d'Oz. Medina...	1
Taïti....	Entrée, contact interne.		Green.....	2
	Sortie, contact externe.		Id.......	
Pékin..........	Sortie, contact interne.		Dallières..	1
	Id., contact externe.		Collas....	1
Batavia.........	Sortie, contact interne.		Mohr.....	2
	Id., contact externe.		Id.......	
Orenbourg......	Sortie, contact interne.		Krafft.....	2
	Id., contact externe.		Id.......	
Gurief..........	Sortie, contact interne.		Lowitz....	1
	Id., contact externe.		Id.......	
Manille.........	Sortie, contact interne.		Rosas.....	1
				27

La longitude de Philadelphie a été fournie à M. Powalky par
M. le professeur Bache, surintendant du *Coast-Survey* des États-
Unis.

Les longitudes de six autres stations lui ont été fournies par la
Connaissance des Temps : ce sont celles de Wardhuus, le Cap
Français, Fort-de-France (Martinique), Batavia (station du
Dr Mohr), Orenbourg et Manille (Cavite).

La longitude de San-José est celle donnée dans le Mémoire publié par de Lalande, en 1772, sur le passage de Vénus.

Quant aux longitudes du Fort-du-Prince-de-Galles, de Pékin
et du cap de Vénus à Taïti, M. Powalky les a calculées lui-même
en faisant usage d'occultations d'étoiles par la Lune, observées
dans ces stations, et en employant les nouvelles Tables lunaires
de M. Hansen. La longitude du Fort-du-Prince-de-Galles, trouvée
par M. Powalky, diffère de 18^s,6 de celle dont s'est servi ENCKE.

Ces longitudes ont-elles réellement l'exactitude que leur suppose le savant allemand? Là est la question.

Quant aux observations dont il a fait choix et qui sont indiquées dans le tableau précédent, nous y remarquons, avec
étonnement, l'emploi de 9 contacts *externes,* dont 4 *à l'entrée*
et 5 *à la sortie,* et qui lui ont fourni à peu près $\frac{1}{3}$ de ses équations de condition. Nous savons quelle incertitude règne sur
l'instant précis des contacts *externes,* et nous pensons que ces
contacts auraient dû être complétement éliminés. Aussi nous
nous demandons si le choix des observations de M. Powalky eût
été le même, s'il n'avait pas eu en vue de rechercher si, de certaines observations du passage de 1769, on ne pouvait pas déduire une valeur de la parallaxe solaire *s'accordant avec celle*
trouvée au moyen d'autres méthodes par M. LE VERRIER, STRUVE,
Winnecke et Hansen.

Il est à regretter que M. Powalky n'ait pas refait le travail de
ENCKE avec les longitudes corrigées, ce qui aurait pu être un
contrôle de son travail; qu'il ait laissé de côté des observations
qui lui ont paru douteuses, sans qu'il fût réellement fondé à

faire cette élimination ; et enfin qu'il ait considéré certains contacts comme contacts réels, sans que le fait en soit suffisamment certain.

La résolution de ses équations de condition lui a donné 8″,86 pour valeur définitive de la parallaxe solaire, avec une erreur probable de ± 0″,21.

En Angleterre, M. Stone a, lui aussi, fait paraître, en 1868, dans les *Monthly Notices,* un travail sur la parallaxe du Soleil, déduite des observations de 1769. Le résultat de ce travail s'accorde avec celui de M. Powalky ; mais l'astronome anglais a admis, dans son Mémoire, les contacts apparents et les contacts réels, en introduisant, dans les équations de condition, une *constante* relative à la différence de ces contacts.

Cette constante, qu'il a déterminée à l'aide des équations elles-mêmes, a paru hors de propos à M. FAYE, qui a fait remarquer avec raison que, selon les observateurs, la lunette, l'état atmosphérique, la hauteur du Soleil, etc., etc., la différence entre l'instant des contacts réels et apparents *change considérablement*. On doit aussi faire remarquer que, dans son travail, M. Stone a traité comme contacts apparents des contacts que M. Powalky a traités comme réels; lequel des deux a raison?

Nous voyons donc, d'après l'aperçu historique que nous venons de donner, sur les travaux relatifs à la parallaxe solaire auxquels ont donné lieu les observations de 1769, que, si les résultats obtenus sont plus satisfaisants que ceux déduits du passage de 1761, on n'a pas encore atteint la précision que l'Astronomie désire obtenir.

Cela tient surtout à ce que, ainsi qu'on le comprend aujourd'hui, LE PHÉNOMÈNE DES CONTACTS N'EST PAS AUSSI SIMPLE qu'on le croyait avant l'observation des passages de 1761 et 1769, et que les observations de 1769 n'ont pas été faites avec ce soin, ces précautions et cette *connaissance pratique du phénomène* qu'exigent les méthodes de HALLEY et de DE L'ISLE.

« En réalité, dit M. FAYE (*Comptes rendus de l'Académie des*

Sciences, t. LXVIII, p. 49), tout ce qu'on peut tirer du passage de Vénus, en 1769, c'est que la parallaxe du Soleil est de 8″,8 à 0″,1 près ; il n'y a pas lieu d'écrire le chiffre des centièmes. Ne nous en étonnons pas, l'incertitude tient ici à la méthode de HALLEY elle-même, dont on a un peu exagéré la portée réelle en oubliant combien *une simple conception géométrique peut s'altérer dans la réalité physique du phénomène*. Autrement on eût obtenu, dès l'origine, un résultat sensiblement fixe pour la parallaxe ; les observations auraient parlé d'elles-mêmes, et nous n'aurions pas vu, pendant un siècle entier, les calculateurs tirer du même recueil d'observations et proposer successivement au monde savant toutes les valeurs comprises entre 8″,5 et 8″,9, en les appuyant, chaque fois, d'erreurs probables de $\frac{2}{100}$ ou $\frac{3}{100}$ de seconde. »

FIN.

donné de calories peut se transformer en une quantité équivalente de travail mécanique et réciproquement, et que la chaleur, autrefois appelée *statique* et considérée comme un fluide, n'est autre chose que la somme des forces vives qui animent les molécules des corps chauffés. L'ensemble de ces remarquables progrès a fait justice d'anciennes hypothèses, et la Physique n'est plus ou ne sera bientôt plus qu'une Mécanique rationnelle où les forces naturelles exercent leur action sur les substances pesantes et sur un milieu spécial et unique, qui se nomme l'*éther*.

Cependant les Traités élémentaires semblent prendre à tâche de dissimuler ces idées générales, et de se contenter de détails sans liaison : le Magnétisme est toujours présenté comme dépendant d'un fluide ; la Chaleur est réduite à des notions empiriques, on professe qu'elle se dissimule et devient *latente ;* la Chaleur rayonnante est prise comme distincte de la Lumière, et l'on ne dit rien de la Théorie optique. — Le Livre élémentaire que nous offrons aujourd'hui au public est conçu dans un esprit différent. Dès les premiers mots l'Auteur démontre que la Chaleur est un mouvement moléculaire, et cette idée guide ensuite le lecteur dans toutes les expériences, et les explique. La Terre et les aimants n'étant que des solénoïdes, on fait dépendre le Magnétisme de l'Électricité. L'Acoustique montre dans leurs détails les vibrations longitudinales, transversales, circulaires et elliptiques ; elle prépare à l'Optique. Cette dernière Partie enfin est l'étude des vibrations de toute sorte qui se produisent dans l'éther ; les interférences et la polarisation sont expliquées de la manière la plus élémentaire, et la théorie vibratoire est rendue accessible à tous.

L'Auteur espère que les modifications qu'il propose dans l'enseignement de la Physique seront approuvées par ses Collègues, et qu'elles seront profitables aux Élèves en les délivrant de ce que les savants ont abandonné, en élevant leur esprit jusqu'à de plus hautes conceptions, en leur montrant l'ensemble philosophique d'une science déjà très-avancée et qui semble toucher à son terme.

17º **Théorie du Vélocipède. — Sur les lois de l'écoulement de la vapeur;** par *Macquorn-Rankine*...................... 1 fr. 25 c.
18º **Les Métamorphoses chimiques du carbone;** par *Odling*........................ 2 fr.
19º **Programme d'un cours en sept leçons sur les phénomènes et les théories électriques;** par *Tyndall*.................... 1 fr. 50 c.
20º **Géologie des Alpes et du tunnel des Alpes;** par *Élie de Beaumont* et *Sismonda*.... 2 fr.
21º **La Science anglaise, son bilan en 1869;** (réunion à Exeter)............. 3 fr. 50 c.
22º **La Lumière;** par *Tyndall*............ 2 fr.
23º **Recherches sur les Agents explosifs modernes et sur leurs applications récentes;** par l'Abbé *Moigno*.................. 2 fr.
24º **Religion et Patrie;** par l'Abbé *Moigno*. 1 fr. 50 c.
25º **Éléments de Thermodynamique;** par M. *J. Moutier*........ .... 2 fr. 50 c.
26º **Sur la Force de la poudre et des matières explosives;** par M. *Berthelot*. 3 fr. 50 c.
27º **Sursaturation des solutions;** par *Tomlinson* .... 2 fr.
28º **Optique moléculaire. Effets de précipitation, de décomposition, d'illumination produits par la lumière;** par l'Abbé *Moigno*.. 2 fr. 50 c.
29º **L'Architecture du monde des atomes,** avec 100 fig. dans le texte; par *Gaudin*... 5 fr.
30º **Étude sur les éclairs;** par *P. Perrin*. 2 fr. 50 c.
31º **Manuel pratique militaire des chemins de de fer;** par le Capitaine *Issalène*. 2 fr. 50 c.

IIᵉ Série. — *Cours de Science illustrée.*

1º **L'Art des projections;** par l'Abbé *Moigno* (103 fig. dans le texte)........ 2 fr. 50 c.
2º **La Photomicrographie** en 100 tableaux pour projection; par M. *Jules Girard*. 1 fr. 50 c.
3º **Les Accidents.** Secours à donner en cas d'absence de l'homme de l'art; par *Alfred Smée*. 1 fr. 25 c.

INSTRUCTION SUR LES PARATONNERRES,

adoptée par l'ACADÉMIE DES SCIENCES. In-18
jésus avec 58 fig. dans le texte; 1874.   2 fr. 5o

TABLE DES MATIÈRES.

Ire Partie (M. GAY-LUSSAC, rapporteur; 1823). — *Partie théorique :* Principes relatifs à l'action de la foudre ou de la matière électrique, et à celle des paratonnerres. — *Partie pratique :* Détails relatifs à la construction des paratonnerres. De la tige. Du conducteur du paratonnerre. Paratonnerres pour les églises. Paratonnerres pour les magasins à poudre et les poudrières. Paratonnerres pour les bâtiments de mer. Disposition générale des paratonnerres sur un édifice. Disposition générale des conducteurs des paratonnerres. Observations sur l'efficacité des paratonnerres.

IIe Partie (M. POUILLET, rapporteur; 1854 et 1855). — *Supplément à l'Instruction sur les paratonnerres :* Note spéciale pour les bâtiments de mer. Note spéciale pour le palais de l'Exposition. *Note spéciale pour les nouvelles constructions du Louvre. Rapport sur les pointes de paratonnerres* présentées par MM. Deleuil père et fils.

IIIe Partie (M. POUILLET, rapporteur; 1867 et 1868). — *Instruction sur les paratonnerres des magasins à poudre :* Propositions générales. Construction des paratonnerres. Dispositions spéciales. — *Instruction sur les paratonnerres du Louvre et des Tuileries :* Dispositions générales. Établissement du circuit des faîtes. Communication du circuit des faîtes avec le sol. Tiges des paratonnerres et leur jonction avec le circuit des faîtes.

LIBRAIRIE DE GAUTHIER-VILLARS,
Quai des Augustins, 55.

BRIOT (Ch.), Professeur suppléant à la Faculté des Sciences. — *Théorie mécanique de la Chaleur*. In-8, avec figures dans le texte; 1869 .... 7 fr. 50 c.

BRÜNNOW (F.), Directeur de l'Observatoire de Dublin. — *Traité d'Astronomie sphérique et d'Astronomie pratique*. Édition française publiée par E. Lucas, Agrégé des Sciences mathématiques, Astronome adjoint à l'Observatoire de Paris, et C. André, Agrégé des Sciences physiques, Astronome adjoint à l'Observatoire de Paris; avec une Préface de M. C. Wolf, Astronome titulaire de l'Observatoire de Paris. 2 vol. in-8, avec figures dans le texte, 1869-1872 .... 20 fr.

On vend séparément :
Astronomie sphérique. In-8; 1869 .... 10 fr.
Astronomie pratique. In-8; 1872 .... 10 fr.

Depuis que l'*Astronomie pratique* de Francœur était épuisée, nous n'avions plus en France aucun Traité intermédiaire entre la Mécanique céleste et les Ouvrages élémentaires purement descriptifs. Le Livre de M. Brünnow vient remplir cette lacune, en réunissant sous une forme simple et peu volumineuse toutes les notions indispensables à la pratique de l'Astronomie. Les Traducteurs ont généralisé l'utilité de ce Traité en ajoutant, avec l'assentiment de l'Auteur, des développements qui, dans certaines parties, en font une œuvre entièrement nouvelle. En particulier, ils ont fait connaître les procédés employés à l'Observatoire de Paris; ils ont donné la théorie des instruments, qui forme à elle seule la majeure partie du second volume, et ils ont ajouté des Tables auxiliaires, calculées spécialement ou extraites de Traités qui ne se trouvent plus dans le commerce, comme les Tables de Warnstroff, etc. — Ainsi développé, ce Livre s'adresse à la généralité des étudiants, qui, pour les travaux des Observatoires ou les examens de la Licence, désirent se familiariser avec les méthodes et les calculs fondamentaux de l'Astronomie. Il indique la manière de faire les observations et les réductions que doivent subir les résultats pour pouvoir figurer dans les calculs de la Mécanique céleste. — Enfin les Marins et les Ingénieurs trouveront également le plus utile secours dans cet excellent Ouvrage, qui expose avec détails toutes les méthodes de détermination de l'heure, des longitudes, et des latitudes et azimuts.

DIEN. — *Atlas céleste,* contenant plus de 100 000 Étoiles et Nébuleuses. In-folio de 26 pl. gravées sur cuivre, dont trois doubles; avec une *Introduction* par M. *Babinet*; 2ᵉ tirage; 1869.

    Cartonné, toile pleine... .... 35 fr.
    Relié avec luxe, demi-chagrin.............. 40 fr.

FLAMMARION (Camille). — *Études et lectures sur l'Astronomie*. In-12 sur carré fin.

    Tome Iᵉʳ; 1867 .... 2 fr. 50 c.
    Tome II; 1869 .... 2 fr. 50 c.
    Tome III; 1872 .. .. 2 fr. 50 c.
    Tome IV; 1873 .... 2 fr. 50 c.
Un volume paraîtra chaque année.

Imprimerie de Gauthier-Villars, successeur de Mallet-Bachelier.
Paris, quai des Augustins, 55. 794